写在前面

1965年,美国加利福尼亚大学伯克莱分校教授、系统科学家扎德(L·A·Zadeh)在一篇别开生面的论文[44]中,提出了研究事物模糊性的问题,并且制定了模糊集合这个新概念,作为刻画模糊事物的基本数学模型。经过数年的消化,从60年代末起,扎德的工作在西方国家引起日益广泛的响应。时至今日,扎德的研究已经形成一个范围广阔、发展迅速的新兴学科。它以现实世界广泛存在的模糊性为研究对象,以模糊集合论为基本工具,力图在理论上把握事物的模糊性,在实践上有效地处理模糊性问题,建立所需要的概念体系和方法论框架。我们认为,把这一学科称为模糊学是适宜的。

模糊学于1976年首次被介绍到国内来[26],很快就引起了一些理论工作者和实际工作者研究的兴趣。十年来,他们发表了大量学术论文,出版了若干教材和专著,创办了国际模糊学界第二份专业性杂志《模糊数学》。模糊学逐渐受到人们的重视。

这本《模糊学导引》是根据作者在中国人民大学哲学系和人大分校几次介绍模糊学的讲稿整理而成的。本书在选材、结构、叙述方法等方面侧重于介绍这一学科的新鲜思想、基本观点和主要方法,至于数学内容,只限于介绍读者了解模糊学最必需的知识。在叙述方法上,力求通俗易懂和联系现实原型。由于作者学识浅薄,对模糊学缺乏深入的研究,谬误和不妥之处在所难免,诚恳地希望读者批评指正。在本书定稿过程中,人大出版社的编辑同志们给作者以热情的帮助,从立论到行文都提出许多宝贵意见,作者在此表示衷心的感谢。

作者

1986 年 5 月

中国书籍学术之光文库

模糊学导引

苗东升 | 著

图书在版编目（CIP）数据

模糊学导引/苗东升著. —北京：中国书籍出版社，2020. 1

ISBN 978 - 7 - 5068 - 7214 - 0

Ⅰ. ①模… Ⅱ. ①苗… Ⅲ. ①系统科学—理论 Ⅳ. ①N94

中国版本图书馆 CIP 数据核字（2019）第 000768 号

模糊学导引

苗东升 著

责任编辑 李 新
责任印制 孙马飞 马 芝
封面设计 中联华文
出版发行 中国书籍出版社
地　　址 北京市丰台区三路居路 97 号（邮编：100073）
电　　话 （010）52257143（总编室） （010）52257140（发行部）
电子邮箱 eo@ chinabp. com. cn
经　　销 全国新华书店
印　　刷 三河市华东印刷有限公司
开　　本 710 毫米 × 1000 毫米 1/16
字　　数 195 千字
印　　张 14. 5
版　　次 2020 年 1 月第 1 版 2020 年 1 月第 1 次印刷
书　　号 ISBN 978 - 7 - 5068 - 7214 - 0
定　　价 99. 00 元

再版附言

本书于1987年面世。32年后的今天，中联华文（北京）社科图书咨询中心和中国书籍出版社重审此书，认为还有再版价值。他们决定再版，我倍受鼓舞。编辑同志认真审阅书稿，提出一系列修改意见，使拙著增色。作为此书作者，我谨向他（她）们表示衷心的谢意。

孤微子

2019年6月

目　录
CONTENTS

第一章　模糊学的缘起

1.1　科学发展的精确化趋势

远古时代的人类,不懂得精确思维为何物。那时的人们对于现实世界的数量关系和空间形式只有非常模糊的认识,客观世界在他们的头脑中呈现为一片混沌不清的图景。经过漫长的生产、生活斗争,尤其是在从事农牧业和天文观察的实践中,人类才逐渐掌握了一种在考察对象时撇开对象的其他一切特性而仅仅顾及数目和几何形状的能力。数和形的概念的产生,关于数量关系和空间形式的初步知识的建立,标志着人类开始学会了精确思维。这是人类认识能力的一大飞跃。运用这种初步的精确数学方法,古代人类在农业、天文、建筑、手工艺品等方面创造了许多光辉的业绩,并在这种实际应用中不断丰富和发展精确方法。

近代科学技术的发展同精确数学方法的发展和应用更是密切相关的。笛卡尔把运动的观点引进数学,牛顿和莱布尼兹进一步创立微积分,给伟大的牛顿力学的诞生准备了数学工具。用精确定义的概念和严格证明的定理描述现实的数量关系和空间形式,用精确控制的实验方法和精确的测量计算探索客观世界的规律,建立严密的理论体系,这是近代科学的特点。到了19世纪,天文、力学、物理、化学等理论自然科学先后在不同程度上走向定量化、数学化,形成一个被称为“精密科学”的学科群。与这些理论科学相联系的一大批工程技术,大量使用数学方法,取得巨大发展。科学技术的这种发展,又推动了数学的巨大进步。19世纪是精确科学方法飞速发展的时期。

随着精确方法在科学技术发展中日益获得成功,人们关于精确与模糊逐渐形成了一种系统化的方法论观点。精确被当作褒义词,模糊被当作贬义词。认为精确总是好的,模糊总是不好的,越精确就越好;科学的方法必定是精确的方法,模糊的方法一概是非科学方法,或前科学方法,即在尚未找到精确方法之前的一种权宜的方法。这种对精确方法的崇拜和对模糊方法的否定,似乎被当作一种不言而喻的真理,在很长的历史时期中未受到人们的怀疑。

应当承认,这种强调精确化的方法论观点,在科学技术发展史上起过极大的作用,成为一种推动科学进步的强有力的内在因素。相信我们周围的世界在本质上不是模糊的而是精确的,不满足于近似的、模糊的解法,力求创造新的、更精确的方法,以获得更精确的结果,不倦地追求精确方法固有的逻辑美,这种信念,一直是激励科学家进行创造性劳动的杠杆。“精益求精”,至今还是人们公认的科学工作者的美德,是评价研究工作科学性的一条准则,应当给予充分的肯定。

20世纪以来,精确数学及其应用以更大的规模和速度发展着。理论自然科学中的相对论、量子力学、分子生物学等,技术科学中的原子能、电子计算机和空间技术等,它们的创建和开发为精确方法奏响了一曲又一曲凯歌,但也进一步助长了对精确方法的盲目崇拜。人们愈益相信,一切都应当精确化,一切都能够精确化。只有现在还没有实现精确化的问题,没有不需要或不可能精确化的问题。今天不能精确化的东西,明天就可能精确化。一种精确化的努力失败了,人们怀疑的只是实现精确化的具体方式,从不怀疑精确化方向本身。科学方法论中的这种绝对化观点,也反映到哲学中来。例如,分析哲学家提倡把一切概念、包括日常用语都加以精确化。这种现象的发生是值得深思的。但是,实践是检验真理的标准。任何理论上的片面性和绝对化,迟早会在实践中暴露其错误而得到纠正。科学技术的发展终究会提出克服关于精确与模糊关系上的形而上学观点的必要性和可能性。

1.2　精确方法的局限性

现代科学发展面临着各门科学普遍要求定量化、数学化与数学发展的现状之间的尖锐矛盾。沿着传统数学的方向,发明新的、更有效的精确方法,是解决矛盾的重要途径。现在如此,将来仍然如此。但这是否唯一可行的出路呢?富有批判精神的学者开始意识到,矛盾的尖锐除了表明精确方法的发展水平尚不够高之外,还有别的原因。传统数学是适应力学、天文、物理、化学这类学科的需要而发展起来的,不可能不带有这些学科固有的局限性。这些学科考察的对象,都是无生命的机械系统,大多是界限分明的清晰事物,允许人们作出非此即彼的判断,进行精确的测量,因而适于用精确方法描述和处理。而那些迄今难以用传统数学实现定量化的学科,特别是有关生命现象、社会现象的学科,研究对象大多是没有明确界限的模糊事物,不允许作出非此即彼的断言,不能进行精确的测量。对于刻画清晰数量关系行之有效的传统数学,未必适用于刻画模糊数量关系。

用传统数学方法处理模糊事物,首先要求将对象简化,舍弃对象固有的模糊性,在本来没有明确界限的对象之间人为地划定界限,变模糊数量关系为清晰数量关系。西瓜因大小不同而价格不等,但大瓜与小瓜并无天然的界限。人为地规定 6 斤以上者为大瓜,其余的为小瓜,便有了区分大小瓜的精确判据。对于模糊性较弱的事物,或者日常生活的简单问题,这样处理是许可的、方便的。但人为地划定界线毕竟是对本来相互联系着的事物之性质的一种歪曲。特别是在分界线附近,这种描述的失真性更明显。当研究的对象相当复杂时,这种处理方法便不适用了。

为克服这一困难,传统方法把上述二相划分变为多相划分,按不同的类别定义不同的概念,规定不同的判据。抽象地看,分相越多,模型越逼近原型。但使用的方法也相应地复杂化了。分相过多将带来新的矛盾和困难。稳定性是系统理论中最重要的概念之一。为了适应复杂系统的各种不同情况,需要针对各种情况分别给出稳定性的定义,其结果,出现在文献中的定义多得惊人,这种现象并不是个别的。用多条分界线代替一条分界线,并不能真正消除分界线的主观随意性。极而言之,要彻底消除这种主观随意性,必须针对一个对象给出一个定义和一种判据。但这样一来,结论也就失去了它的科学性。因为科学的价值在于提供尽可能普遍适用的概念和方法。如果一个西瓜一种价格,商店便无法经营了。何况,许多对象并非离散存在的,根本无法划分出单个的对象而加以定义。

清晰事物的有关参量可以精确测定,能够建立起精确的数学模型。模糊事物无法获得必要的精确数据,不能按精确方法建立数学模型。特别是人文社会系统,对象的量的规定性往往是非数值的,如科技水平、组织程度、民主化程度之类量的规定性,本质上不能像物理量那样实地测量。人文系统包含人的主观因素,有关数据多半是用主观打分、估测或统计的办法得到的,有很大的模糊性。在这种数据基础上使用精确方法是无效的。不可否认,人文社会系统的许多问题也可以使用精确方法。但总的来说,传统数学不是社会科学、人文科学实现定量化的普遍有效的数学工具。

在处理复杂事物时,精确性和可行性之间存在着矛盾。科学的方法应当是精确性和可行性综合最优的方法。任何一种方法,结果的精确性常常以方法的复杂性为代价。一种方法精确到难以实际应用的程度,便是无用的东西。科学的方法首先应当是有意义的方法,即能够反映对象的真实情形的方法。对精确性的盲目崇拜是建立在这样一条假设之上的,精确性和有意义性总是一致的,越精确就越有意义。而实际的情形是,把复杂的模糊事物人为地精确化,势必降低所用方法的有意义性,达到一定程度,就将变为理论上十分漂亮、实际上毫无用处的东西。科学技术发展的实践证明,精确性和有意义性的统一是有条件的、相对的,越精确不一定就越好。辩证法认为,不同质的矛盾,只有用不同质的方法才能解决。一般说来,人文社会系统和机械系统、模糊数量关系和清晰数量关系之间有重大差别,需要用不同的科学方法。实践表明,传统方法用于力学系统高度有效,但用于人类行为起重要作用的系统,显得太精确了,后一类系统的复杂性要求使用在精神实质上与传统方法不同的方法。创立适于描述和处理模糊事物的科学理论和方法,是科学技术发展的需要。

1.3　精确方法与逻辑悖论

精确方法的逻辑基础是传统的二值逻辑,要求对每个命题作出要么真、要么假的明确断定。这是适于处理清晰概念和清晰命题的逻辑模式。当它用于处理模糊概念和模糊命题时,理论上将导致逻辑悖论。

最著名的逻辑悖论是秃头悖论。日常生活中,某人是否秃头是容易判断的。要给秃和不秃下精确定义,却难乎其难。按照传统逻辑,有两种方案可供选择:(1)承认存在一个作为界限的头发根数 n_0,n 记实际的头发根数,规定 $n \leq n_0$ 时为秃头,$n > n_0$ 时为不秃。但一发之差便分秃或不秃,为常识所不容,这样的 n_0 不存在。(2)承认一发之差不改变秃或不秃,这似乎合乎常识。从常识看,命题 A≜"比秃头多一根头发者还是秃头",命题 B≜"比非秃头少一根头发者还是非秃头",都是真命题。命题 a≜"一发皆无($n = 0$)者是秃头",命题 b≜"满头乌发者(例如 $n = 1000000$)是非秃头",显然是真命题。但是,从命题 A 和 a 出发,按传统逻辑的推理规则作连锁推理,可以得出显然为假的命题 C≜“满头乌发者是秃头”;从命题 B 和 b 出发,又可以推出显然为假的命题 D≜“一发皆无者是非秃头”。这就导致了悖论。

这类悖论俯拾即是。例如:

朋友悖论 命题 A≜“刚刚结识的朋友是新朋友”,命题 B≜“新朋友过一秒钟还是新朋友”,从常识看显然都是真命题。但以 A 和 B 为前提,反复运用精确推理规则进行推理,将得出 C≜“新朋友在百年之后还是新朋友”这个显然为假的命题。

年龄悖论 由显然为真的命题 A≜“20 岁的人是年轻人”和 B≜“比年轻人早生一日的人还是年轻人”,可以推出显然为假的命题 C≜“百岁老翁是年轻人”。

身高悖论 以真命题 A≜“身高两米者为高个”和 B≜“比高个矮一毫米者还是高个”为前提,可以推出显然为假的命题 C≜“侏儒是高个”。

饥饱悖论 以真命题 A≜“三日未食者是饥者”和 B≜“比饥者多食一粒米饭者还是饥者”为前提,可以推出假命题 C≜“饥者日食三斤米饭后还是饥者”。

秃与不秃、新朋友与老朋友、年轻与年老、高个与矮个、饥与饱,这些概念都有模糊性。用精确的二值逻辑刻画这类概念和用这类概念构成的判断和推理,必然导致悖论。这就暴露了传统逻辑的局限性。

秃头悖论是古希腊学者已经发现的逻辑矛盾。在那个时代,这种悖论对科学技术的发展还不会产生什么影响,尽可以留给逻辑学家们去争论。而在现代社会中,科学研究和生产活动的深度和广度都极大地发展了,大量的模糊性问题摆在人们面前要求作出处理,从理论上克服这些悖论的问题不容许再回避了。但是,在传统逻辑框架内无法解决秃头悖论。冲破传统逻辑的框架,建立一种适于描述和处理模糊事理的逻辑模式,变得刻不容缓了。

1.4　模糊方法也有长处

人类生存的环境,基本上是一个模糊环境。人们在生存活动中,经常接触各种模糊事物,接受各种模糊信息,随时要对模糊事物进行识别,作出决策。在漫长的历史进程中,人类思维能力的提高,不但表现在形成和发展了精确思维的能力,而且表现在发展了模糊思维的能力,发展了处理模糊性问题的模糊方法。人类的生存发展,文明的不断进步,证明人类有适应模糊环境的能力,证明模糊方法是一种行之有效的方法。用精确方法处理复杂模糊事物的无效性,迫使人们回过头来重新认识这种模糊方法。

打个通俗的比方。某日,天津海关电告北京海关,一名走私犯今晨乘火车由津来京,该犯男性,中年,微胖,矮个,蓝脸,走路左右摇晃。某侦察员奉命到北京站缉拿罪犯。除了男性这一点,他掌握的罪犯特征都是模糊特征。如果他是一个训练有素的侦察员,依照这些模糊特征凭经验把罪犯从旅客中识别出来,并不很困难。如果设想他采用精确的数学方法,情形将会如何?他必须首先建立关于罪犯的数学模型。这就要确定用哪些参数描述"微胖""蓝脸"等特征,给"左右摇晃"下严格的数学定义。为了取得必要的数据,还要制定怎样在摩肩接踵的出站旅客中进行实地测量的方案。这一切几乎都无法做到。就算他有解决这一切的锦囊妙计,他也只能在对所有旅客测量计算完毕后,再作出判断。然而,在他测算到最后一名出站旅客之前,夹在人流中的罪犯早已逃之夭夭了。显而易见,在这类问题中使用精确方法,不但无济于事,而且十分迂腐可笑。使用模糊方法反倒显得自然而有效。

计算机是在精确科学的沃土中培育起来的一朵奇葩。计算机解决问题的高速度和高精度,是人脑望尘莫及的。有了计算机,精确方法的能行性大大提高了。但也正是在使用计算机的实践中,人们认识到人的头脑具有远胜于计算机的能力。人脑能接受和处理模糊信息,依据少量的模糊信息对事物作出足够准确的识别判断,灵活机动地解决复杂的模糊性问题。凭借这种能力,司机可以驱车安全穿越闹市,医生可以依据病人的模糊症状进行准确诊断,画家不用精确的测量计算而画出栩栩如生的风景人物,甚至儿童也可以辨认潦草的字迹,听懂不完整的言语。这一切都是以精确制胜的计算机望尘莫及的。严格的精确性,使计算机无法接受和处理模糊信息,不能在模糊环境中正确地识别事物、有效地进行决策。相反,模糊方法特有的简捷、灵活和不精确,显示出特殊的有效性。

辩证法认为,一切事物都是一分为二的。精确性和模糊性也都有两重性。世界上不存在普遍有效的精确方法,模糊方法也并非必然是非科学方法。科学的方法是能够如实反映事物本来面目、按事物自身的规律处理问题的方法。精确方法和模糊方法都可以作为科学方法。在一定范围内,精确方法是更科学的方法。在另一范围内,模糊方法是更科学的方法。

恩格斯早就指出:自然过程的辩证性质迫使人们不得不"从形而上学的思维复归到辩证的思维"①。人脑和电脑的比较,启发人们对精确性和模糊性实行一分为二,从盲目追求精确性的片面性中解放出来,注意研究模糊事物,发展和使用模糊方法。美国加州大学教授格·哥根说得好:"描述的不确切性并不是坏事,相反,倒是件好事,它能用较少的代价传送足够的信息,并能对复杂事物作出高效率的判断和处理。也就是说,不确切性有助于提高效率。"(转引自[23])从视模糊性为纯粹消极的因素到承认模糊性还有积极有利的一面,从力求在一切场合下消除模糊性到在一定场合下有意识地利用模糊性,是科学思想和方法论的深刻变革。科学工作者终于通过自己的实践,达到了对模糊与精确的辩证认识。这

① 恩格斯:《自然辩证法》,《马克思恩格斯选集》第3卷,第467页。

是创立模糊学的必要思想准备。

1.5 模糊学是现代科学发展的产物

1965 年,扎德发表了著名论文《模糊集合》,标志着模糊学的诞生。为什么模糊学产生于 20 世纪中期,而不能出现于 19 世纪,甚至也没有出现于 20 世纪早期呢? 著名法国数学家考夫曼曾提出,模糊逻辑本应出现于上一世纪,之所以被延滞,原因在于 19 世纪的机械论和近代广泛使用机器计算而培育起来的程序推理习惯的影响。[15] 他从哲学和科学思想的角度考察模糊学产生的历史背景,颇有见地。但他的表述不甚恰当,因为他所提及的那些原因正说明模糊学不可能产生于 19 世纪。

模糊性问题是人类在实践中早已接触到的问题。但是,在社会实践没有提出系统地解决这类问题的迫切需要、并且人们还没有认识到必须用新的观点和方法处理这类问题之前,关于模糊性问题的理论是不会产生的。历史唯物论认为,一种理论或一门学科的产生,总有其物质实践的根源。模糊学产生的根源要在现代科学技术发展的总趋势中寻找。

现代科学发展的总趋势是,从以分析为主对确定性现象的研究,进到以综合为主对不确定性现象的研究。各门科学在充分研究了本领域中那些非此即彼的典型现象之后,正在扩大视域,转而研究那些亦此亦彼的非典型现象。不同自然科学之间,不同社会科学之间,自然科学和社会科学之间,相互渗透的趋势日益加强,原来截然分明的学科界线一个个被打破,边缘科学大量涌现出来。随着科学技术的综合化、整体化,边界不分明的对象,亦即模糊性对象,以多种多样的形式普遍地、经常地出现在科学的前沿,要求给出系统的说明和处理,建立系统的理论体系和方法论框架。这是模糊学产生的总的历史背景。

当一种新的研究对象摆在面前时,人们总是习惯于用现有的理论体系和方法论框架来处理。只有在这种努力反复失败之后,才可能改弦易辙,另辟蹊径。对模糊性问题的处理也不例外。在人们只熟悉处理确定性对象的方法时,人们只能用这种现成的方法处理模糊性问题。在认识了不确定性对象、但只懂得如何处理随机性问题的时候,人们又把模糊性当作随机性,力图用概率统计方法处理模糊性问题。总之,人们一直在用精确方法处理模糊性问题。这种努力虽也取得许多成果,促进传统数学的发展,但总有隔靴搔痒之感,不能从根本上以系统的方式解决问题。尽管如此,人们还是坚持在精确科学的框架内寻找出路。这并不奇怪。要改变几千年来对精确和模糊的传统看法,特别是在精确方法取得光辉成就的情况下做到这一点,不但需要科学的洞察力和敢于同传统观念决裂的勇气,尤其需要来自科学实践的强大推动力,这种推动力在上世纪和本世纪初是不具备的。

这种推动力首先来自系统科学。系统科学,包括系统论、控制论、信息论、系统工程等,是现代科学技术大综合趋势的产物和标志,现代系统科学主要研究复杂系统、大系统、人文系统,模糊性是这类系统的显著特点之一。复杂性与精确性、精确性与有意义性、精确性与模糊性的矛盾,在系统科学领域表现得最尖锐、最鲜明,精确方法的局限性和模糊方法的适用性暴露得最充分,最容易感受到制定处理模糊性问题的方法论新框架的必要性,也最容易克服关于精确与模糊的形而上学观点。近20年来,系统科学一直是模糊学最重要的实际应用领域。

直接促进模糊学产生的动力,也来自计算机科学。人脑与电脑的比较,帮助人们认识了现有计算机的不足之处。探索人脑模糊思维的机制,制定设计新型计算机的原理,使计算机能模仿人脑接受和处理模糊信息,以便提高计算机的“活性”,这又成为促进模糊学发展的强大动力。在这个意义上讲,没有计算机科学就没有模糊学。

模糊学只能在系统科学、计算机科学产生并相当发达的条件下出现,只能在精确数学、数理逻辑、形式语言学等精确科学充分发展的条件下产生。模糊性理论的产生要以精确科学的充分发展为条件,这也是辩证法。

就技术的观点看,我们正处在一种系统时代、信息时代,模糊学是适应这一时代的需要而产生的,它必将在新的信息革命中一显身手。

1.6　扎德的贡献

任何一种新的科学思想都不是个别人突然提出来的。除了有深刻的客观实践根源之外,还需有先驱者们的思想积累。模糊学的产生也是这样。

进入本世纪后,不同领域的学者从本领域的实践经验中逐渐提出关于精确性和模糊性的新观点,向传统思想发难。本世纪初,有些物理学家提出:理论物理学的陈述正因为比日常的模糊陈述精确,所以反倒不如后者确实,也更难证实。1923 年著名的英国逻辑学家罗素指出:"传统逻辑都习惯于假定使用的是精确符号。因此,它不适用于尘世生活,而仅仅适用于想象的天体存在物……。逻辑学较别的学科使我们更接近于天堂。"[31] 罗素是现代数理逻辑的完成者,他对盲目崇拜精确性的批判是意味深长的。20 世纪 50 年代,控制论的创始人维纳提出,同计算机相比,人脑主要的一个优越性似乎是"能够掌握尚未完全明确的含糊观念"[40],肯定了模糊概念和模糊思维的积极意义。1957 年,美国语言学家琼斯写道:"我们大家(包括那些追求'精确无误'的人)在说话和写作时常常使用不精确的、含糊的、难于下定义的术语和原则。这并不妨碍我们所用的词是非常有用的,而且确实是必不可少的。"[14] 琼斯的话显然是对当时西方学术界鼓吹把一切用自然语言表达的概念都精确化这一浪潮的批判。20 世纪 60 年代初,英国哲学家波普也对这股浪潮提出批判,认为精确性可能是一种错误的理想,人们不应当企图获得比实际情形的要求更高的精确性。[27]从这些极不完全的引证中清楚地看到，现代科学正在蕴育着对传统观点的重要突破。

更为有意义的是，20世纪的学者开始把模糊性纳入具体科学考察的范围。罗素1923年的论文《含混性》是一个起点。1937年，布兰克以相同的题目著文，进一步探讨含混性。[2]他们讲的含混性，大体上相当于我们现在讲的模糊性，与扎德讲的含混性不是一回事。罗素和布兰克还不能区分模糊性和含混性。布兰克提出的"轮廓一致"(consistency profiles)概念，可以看作是扎德隶属函数概念的原始形态。这是布兰克对模糊学的一个有意义的贡献。1951年，法国学者蒙日用法文创造了模糊集合(ensemble flu)这个术语，使用了"max-product"转换模糊关系的概念。[22]蒙日尚不能区分模糊性和随机性，他用概率论的观点解释他的概念。罗素、特别是布兰克和蒙日的工作为扎德的创造提供了直接的借鉴。扎德的研究正是这些工作的继续和发展。

扎德是一个系统科学家。最初他也是只相信精确方法，曾致力于把状态、稳定性、适应性等概念精确化的工作，并且富有成果。长期活跃于系统科学领域，使扎德对复杂性、精确性、模糊性之间的尖锐矛盾有充分的了解。扎德并不懂得用辩证法观点分析这些矛盾。但他是一个富有批判精神和求实态度的学者，面对上述尖锐矛盾，比其他人更早、更清楚地认识到精确方法也有局限性，模糊方法也有科学性；认识到有些过分复杂的系统不再能够在精确数学的框架内解决问题。扎德与传统观念勇敢地决裂了，决心转变方向，寻找全新的观点和方法。这种思想转变在扎德1963年的著作中已见端倪。从那时以来，他对关于精确与模糊的传统偏见进行了最明确、最强烈、最系统的分析批判，努力为建立模糊学扫清思想障碍。这是扎德的第一条重要贡献。

扎德首先发现，传统观点所以把模糊性放在精确方法的框架内处理，一个重要原因是把模糊性与近似性、随机性、含混性混为一谈。他指出："有些人把模糊性当作随机性的一种伪装形式，乃是极大的误会，妨碍把模糊性作为现实世界的一个基本的、不同的侧面来处理的理论框架的发展。"[54] 扎德深入分析了模糊性、近似性、随机性和含混性的异同，准确地阐明模糊性的含义，从而科学地规定了模糊学的研究对象，从理论上论证了模糊学作为一门学科独立发展的必要性。这是扎德对创立模糊学的第二条贡献。

第三，扎德制定了刻画模糊性的数学方法，提出了隶属度、隶属函数、模糊集合等基本概念。在此基础上，建立起一个描述和处理模糊性的概念和技术的框架。有了这个框架，关于模糊性的研究工作就从先驱者们那种思辨的或经验式的描述，上升为科学的刻画，形成一个独立的研究方向。近 20 年来，扎德一直活跃在模糊学的前沿，模糊学的一系列重要概念和原理，大多是由他首先提出或参与制定的。直至今日，扎德一直处于这一领域引导者的地位。

第四，从一开始，扎德就把模糊学的创立与解决现代科学技术的实际问题紧密联系起来，从实践中吸取思想营养，开发动力源泉。正因为这样，模糊学尽管起步很晚，但很快得到广泛响应，吸引了众多领域的专家学者从事这方面的理论和应用研究，使模糊学迅速成长为当前十分活跃的学科领域之一。

扎德是公认的模糊学创立者。

1.7　关于学科的命名

关于扎德开创的这一研究领域的命名问题，模糊界至今尚无统一的意见。国内学者普遍称之为模糊数学，但也有人持有不同意见。把模糊数、模糊微积分、模糊群论、模糊拓朴等内容叫作模糊数学是言之成理的。但若用模糊数学称谓扎德开创的这一新学科的整个领域，未免显得名窄实宽，颇不相称。像模糊语言、模糊逻辑等，当作数学内容是不适当的。

从方法论上讲，扎德倡导的新方法对定性方法颇为重视，与数学的本义不符。语言方法就不能算作数学方法。从模糊性研究的全局看，应当有一个比模糊数学的涵义更广泛、更概括的学科名称。

国外模糊界的学者多半不赞成用模糊数学来称谓这一新学科领域，常常称为“模糊集合及其应用”。这样的表述，符合这一领域形成发展的历史和现状，但作为一个学科的名称并不适当。日本学者菅野道夫认为：“模糊子集理论可简称为模糊集理论或模糊理论。目前，这一理论并没有形成为一门所谓的‘模糊数学’。”[13]用模糊理论代表这一领域的理论研究部分当然可行，但又不能包容它的大量实际应用。国外模糊界的学者也常以“模糊集合和系统”作为自己的旗帜。这一用语体现了模糊领域研究工作的基本理论工具（模糊集合论）和主要的实际应用领域（系统科学），有其特点，但用来作为一个学科的名称，仍不适宜。

1977 年，加拿大学者 M. 格普达曾提出 Fuzzy-ism 这一术语。[11]照通常的译法，应译为“模糊主义”。用主义这类大字眼称谓一门具体学科，显然是不恰当的。但这个词也可以译为“模糊论”。格普达是在与决定论（determinism）和随机论（stachasticism）对照比较的意义上提出 Fuzzy-ism 这一术语的，把它们作为三种不同的思维方式，译作模糊论更符合他的原意。他给出这一概念的定义：“Fuzzy-ism 是一套概念和技术，目标在于为处理人们的思想过程所固有的含混性和不精确性而提供一个系统的框架。”同前述种种称谓相比，用格普达的说法称谓关于模糊性研究的整个领域要更科学些。

1982 年 12 月，在北京市数学学会模糊数学组的学术讨论会上，张锦文的报告讨论了学科命名问题。他指出模糊数学这个名称的不适宜性，提议采用“弗晰学”这个名称，并且创造了一个英文新词 Fuzziology。采用“弗晰学”这一学科名称，既谐义，又谐音、完全可行。张锦文在论述他的观点时提出，把我们的学科称为模糊学，听起来总有些不雅致，不如用弗晰学这个术语。我们认为他的担心是不必要的，而且有违于扎德开创这一研究领域的本意。扎德正是从清算把模糊视为纯粹贬义词这个传统偏见而开始自己的工作的。经过近二十年的开发,模糊性理论和应用日益取得成就,关于精确与模糊的辩证观点逐步为人们接受。在这种情况下,再表示对传统偏见的退让,避讳使用"模糊"这个词,实无必要。

英语中的 Fuzze 是名词,提出 Fuzziology 一词符合英语构词规则;但汉语中用"模糊 + 学"的合成词作为一门学科的名称是否符合构词规则,是一个值得讨论的问题。的确,"模糊"一词在汉语中一般是当形容词使用的。但是,汉语的词形不发达,名词和形容词的界限比其他语言更为模糊。汉语中的"模糊"一词并非典型的形容词,例如可以用"一片"来修饰。应当指出,"模糊"与"模糊的"(典型的形容词)有重要区别。模糊学界都承认,模糊数学中的"模糊"一词绝不可以用"模糊的"来替换。这里的"模糊"一词就有名词的功能。概括"模糊"这个词义的名词,英语中有 blur(同时是动词),法语中有 flou(同时是形容词),而汉语中没有相应的名词,这是汉语的一个缺陷。随着中外文化交流的发展,将促使汉语克服这类缺陷,使模糊名词化。英汉词典解释名词 blur,法汉词典解释名词 flou,都用了汉语"模糊"一词,就是这一趋势的反映。随着模糊性研究的广泛开展,将加速汉语"模糊"一词的名词化。"他是搞模糊的",一些不赞成搞模糊数学的人常常这样戏称模糊数学工作者。模糊数学工作者也常理直气壮地自称"我是搞模糊的"。这种把模糊当作典型名词的说法,今天还不大符合汉语习惯。但随着模糊学的广泛传播,习惯成自然,终有一天会正式纳入汉语系统的。退一步讲,我们可以把模糊学看作一个专有名词,而不把它当作"模糊 + 学"构成的合成词。总之,我们认为,现在是可以用模糊学或弗晰学统称扎德开创的这一整个研究领域的时候了。

思考题

1. 试举出若干类似秃头悖论的逻辑矛盾。
2. 说明模糊学产生的历史背景。
3. 模糊学与信息革命的关系如何?
4. 模糊学在科学思想上带来哪些变革?

第二章　模糊性

模糊学作为一门有关描述和处理模糊性问题的理论和方法的学科，第一个需要重点讨论的基本概念就是模糊性。在介绍有关对模糊性的数学的、语言的、逻辑的分析之前，我们先来对模糊性作一番一般的定性分析。

2.1　模糊性是事物类属的不清晰性

为了识别事物，人们总要依据一定的标准对它们进行分类。在现实世界中，有许多事物可以依据精确的标准把它们分为彼此界限分明的类别，每个事物要么属于某一类，要么不属于该类，非此即彼，明确肯定。“地球是行星”，“石头不是食物”，“林黛玉是女子”，都是关于事物类属的明确断言。我们把事物有明确类属这种特性称为清晰性，把这类事物称为清晰事物。

但是，对于另外一些事物，我们无法找到精确的分类标准，关于某一事物是否属于某一类很难作出明确肯定的断言。高山、大河、远亲、近邻等就是这种事物类。由于这种事物从属于某一类到不属于该类是逐步过渡而非突然改变的，不同类别之间不存在截然分明的界限，因而不同人对同一事物可能作出不同的归类。我们把事物这种类属的不清晰性称为模糊性,把这类事物称为模糊事物。

扎德在其开创性论文《模糊集合》一文中正是这样描述模糊性的。他考察了比 1 大得多的实数类、高个子男人类、漂亮女人类等例子,指出模糊事物“不精确的根源在于缺乏明确的类别隶属判据”,并据此而制定出刻画模糊性的数学框架。

简单地说,凡属于类属问题上判断或是或非的对象,就是清晰事物;凡属于类属问题上需要区别程度、等级的对象,就是模糊事物。了解一个模糊事物类,在于了解各个对象隶属于它的资格程度。模糊性是事物类属的不确定性,是对象资格程度的渐变性。

人们对事物进行分类,总是以事物的某种性态(性质、特征、状态)为标准的。清晰事物是否具有某种性态是明确肯定的。模糊事物则不然,它们往往在一定程度上具有某种性态,又不完全具有那种性态。清晰性是事物性态的确定性,模糊性是事物性态的不确定性。按照某种清晰性态对事物进行分类,得到的是界限分明的类别。按照某种模糊性态进行分类,得到的是没有明确界限的类别。类属的不清晰性来源于性态的不确定性。

事物性态和类属的不清晰性,是现实世界广泛存在的一种特征。在人类实践和认识的各个领域,都可以信口列举出大量模糊事例。人文社会科学考察的对象差不多都是模糊的,感性认识和理性认识,长篇小说和中篇小说,盛唐和衰唐,宏观经济和微观经济,都没有清晰的界限。有关生命现象诸学科的大多数对象也是这样,海盘车对于动物类,鸭嘴兽对于兽类;生理学中的死亡过程,医学中的高烧、休克,这些类别、过程、现象都是模糊的。精密科学的研究对象中也不乏模糊事物;物理学承认物体可以处于一种既非液态、又非固态的状态,化学中的大分子,天文学中黄光的星和白光的星的分类,数学中的邻域、充分大的自然数等概念。总之,在现实世界中,模糊性是基本特征而非细枝末节,是常规现象而非例外情形。

所谓清晰性和模糊性的区别,也是相对的、模糊的。严格地说,实际事物都有某种模糊性,只是表现形式和程度不同而已。同一事物从某一方面看是清晰的,从另一方面看又可能是模糊的。通常把人的性别视为清晰事物的典型,男性和女性之间泾渭分明。这只在一定范围内才是正确的。在生理学中,有所谓阴阳人问题,研究的对象正是人的性别中的模糊现象。就人的性格和外貌而论,男女之别也有模糊性。汉语中的"假小子",英语中的 sisy(有女性特征的男子),讲的就是这种模糊性。在一定意义上讲,清晰性是相对的,模糊性是绝对的。

2.2 模糊性不同于近似性、随机性、含混性

在人类认识史上,由于不懂得模糊性是事物类属和性态的不确定性,对模糊性有过种种误解,阻碍了对模糊性作独立的研究。要创立和发展模糊学,必须纠正这些错误认识。

模糊性是一种描述的不精确性,这是人们早就认识了的。但是,长期以来,人们误认为模糊事物实质上是一种复杂的清晰事物,模糊性问题本身有精确解,只是由于问题过分复杂,现有的数学知识和测量手段尚不够丰富,暂时只能得到近似解。这种观点的错误在于把模糊性和近似性混为一谈。应当承认,近似是一种模糊现象。例如,在实数范围内,从近似于 5 到不近似于 5 是连续变化的,不存在天然的分界线,只存在与 5 近似程度的不同。但模糊不等于近似,模糊包含近似而不限于近似。描述的不精确性有不同的根源和表现形式。一种不精确性来自认识条件的局限性和认识过程发展的不充分性,问题本身存在精确解。另一种不精确性来自认识对象本身固有性态的不确定性。"只在此山中,云深不知处",这是精确问题近似解的情形。隐者是客观存在,他采药之处可以精确确

定。由于山高云深，尚未深入山中探寻，认识暂时只能达到“只在此山中”的近似解。但只要深入探寻，必能找到隐者。“东边日出西边雨，道是无晴却有晴”则另当别论。天晴和天阴是模糊的气候现象，其间没有精确定义的界限，无论认识怎样深入，都不能消除亦阴亦晴这种气候现象固有的不清晰性。模糊性问题本身没有精确解。对于精确问题的近似解，可借助误差、有效数字等概念定量地表示近似的精确度，传统数学在这方面有丰富的成果。对于模糊数学提供的近似解，谈论误差和精度是没有意义的。扎德等学者常讲模糊数学提供的是一种性质上近似的方法，以区别于精确数学的误差理论提供的近似方法，这是有道理的。

把清晰性当作确定性，把模糊性当作不确定性，这种认识也由来已久。但在扎德之前，传统观点认为确定性就是必然性，不确定性就是随机性（或然性），把模糊性当作一类特殊的随机性，试图用概率统计方法处理模糊性问题。模糊学重新探讨了确定性和不确定性，明确了清晰性和必然性是两种不同性质的确定性，模糊性和随机性是两种不同性质的不确定性，要用不同的数学方法处理。

模糊学认为，从质和量两个方面看，模糊性都是比随机性更为基本的不确定性。随机性是在事件是否发生的不确定性中表现出来的条件的不确定性，事件本身的性态和类属是确定的。投掷硬币，国徽是否朝上是随机的。但每次投掷的结果，国徽不是朝上，便是朝下，绝无含糊。模糊性则是事物自身性态和类属的不确定性。未来某天的降雨量是随机变量，对这次降雨量作实测后究竟算作大雨、中雨或小雨，往往是界限模糊的。大体上说，随机性是一种外在的不确定性，模糊性是一种内在的不确定性。随机现象服从排中律。在随机试验中，某个事件要么发生，要么不发生，不存在第三种可能。模糊事物不服从通常的排中律，存在着许多的甚至无穷多的中间状况。模糊性是排中性的破缺，也就是某种不排中性。可以把随机性看作一类特殊的模糊性，即事件发生的可能程度的渐变性。但模糊性远不限于这一种表现形式。从信息观点看，随机性只涉及信息的量,模糊性关系到信息的意义。模糊性是一种比随机性更深刻的不确定性。模糊性的存在比随机性的存在更为广泛。尤其在主观认识领域,模糊性的作用比随机性的作用重要得多。

模糊性与随机性作为一对矛盾,既有区别,又有联系,而且往往是相互渗透的。所谓随机模糊事件就是典型表现。关于这类现象,我们将在第五章中讨论。

在很长的时期中,人们还把模糊性和含混性混为一谈。扎德以前的学者往往把模糊性当作含混性来研究,因而找不到解决问题的有效方法。扎德提出必须弄清二者的区别。[56] 他认为,一个命题所以是模糊的,原因在于所涉及的类本身是模糊的。如命题"A 十分高"之模糊,源出于"十分高"这个类的模糊性。而一个含混的命题既是模糊的,又是二义的,即对于一个特定的目的只提供了不充分的信息。例如,依命题"A 十分高"不能确定 A 应买什么型号的衣服,因为信息不充分。这时的命题既模糊又歧义,因而是含混的。含混性是一个与其应用有关、或与上下文有关的命题的特征,模糊性却不是这样。"A 十分高"这个命题对于 A 选择一条领带提供了足够的信息,故模糊而不含混。

2.3　模糊性是亦此亦彼性

概括地说,清晰性是事物在性态和类属方面的非此即彼性,亦即排中性;模糊性是事物在性态和类属方面的亦此亦彼性,亦即中介过渡性。

辩证法讲的亦此亦彼性,包括两极对立的不充分性和自身同一的相对性两个方面。模糊性首先表征了两极对立的不充分性。辩证法认为,一切两极对立都有中介,对立的两极通过中介而相互联系、相互转化。但在不同的两极对立中,这种中介过渡性又有区别。大略地看,可以分为两类:一类是中介不发达(不明显)的两极对立,一类是中介发达(明显)的两极对立。对于前者,略去中介,在非此即彼的意义上考察两极的对立是许可的。在一定范围内,只有这种非此即彼的模式能更深刻、更正确地反映事物的本质。这就是所谓清晰事物。而在模糊事物中,对立的两极互相渗透、互相贯通,由一极到另一极之间呈现出一系列中介过渡的状态、环节或阶段。从两极看,一切中介都呈现出亦此亦彼的性态,既有此一极的性态,又有彼一极的性态。无论以哪一极的性态作为分类标准,这些中介的类属都是不清晰的。甚至每一极都已作为胚芽而包含于另一极之中。"一切差异都在中间阶段融合,一切对立都经过中间环节而互相过渡。"①两极对立的绝对性消失了,差别之间截然分明的分界线消失了。这正是我们所说的模糊性。质言之,模糊性表征了两极对立的不充分性。

事物的模糊性,也表征事物自身同一的相对性。按照辩证法,任何具体的同一性都是相对的,其中包含着差异和变化,因而呈现出一定的不确定性。北京口音这一事物,包含着密云和大兴的口音差异和变化,并非绝对同一的。年轻这个概念,代表18岁、20岁等不同的年龄。被人的思维视为同一的事物,差不多都是某种对象类,其中的不同对象属于该类的资格程度仍有一定差异,只是这种差异被限制在一定范围内,因而被近似地当作自身同一的。对于清晰事物,同一中包含的差异很小,可以忽略不计。对于模糊事物,同一中包含的差异不能忽略不计,要通过了解这种差异和变化来把握事物自身的同一性。同一事物类中不同对象的资格程度的差异性,就是该事物类自身同一的相对性。

两极对立的不充分性和自身同一的相对性,是两个相互联系、相互补充的方面。正因为自身同一是相对的,同一之中包含着差异和变化,与他物的界限才可能是模糊的。如果自身同一是绝对的,与他物的界限必定是明确的。反之亦然。自身同一的相对性和两极对立的不充分性互为延伸。模糊性同时表征这两种性质,因而是反映事物本质的极为深刻的

---

① 恩格斯:《自然辩证法》,《马克思恩格斯选集》第3卷,第535页。

属性。

2.4 模糊性的来源

模糊性问题总是联系着事物的分类问题,这一现象值得深究。

在辩证法看来,人的认识所考察的任何对象都处于事物的普遍联系之网中,处于不断发展变化的链条中。客观世界呈现在我们面前的,是一幅由种种联系和相互作用无穷无尽地交织起来的画面。我们怎样认识这一画面呢?

如果我们考察的是中介不发达的清晰事物,可以把中介略去,在纯粹的形态上分别对两极加以研究。如果对立的两极之间只有少量中介,或者不同中介彼此能够区分开来、逐个研究,我们可以用穷举中介的方式对事物作出完整的描述。精确科学就是这样处理问题的。

但是,当我们考察的是具有发达中介过渡的事物时,对两极作孤立的研究这种方法就不再适用。要通过中介把握两极。由于中介数量很大,往往是无穷多的,甚至是连续过渡的,不同的中介彼此贯通,难于区分,穷举中介的方法也不适用了。从事物横的联系方面看,对于那种在几何的或性态的空间中或在结构上相互联结的事物,根本无法穷举中介、逐个研究,有效的办法是对中介加以分类(分级、分档、分区等等)。从事物纵的历史发展过程看,我们不能穷举每个中介时刻而应加以分期。分期也是分类。分类就是以离散的模型把握连续的对象,以有限数量的模型把握无限数量的对象,以少量的模型把握大量的对象。把无穷连续过渡的中介分为有限的类别,把大量彼此没有明显差异的中介分为少数几类,这样的类别之间很难有截然分明的界限,大量的中介便显得没有明确肯定的类属。从相邻的两类看,彼此没有明确的分界,它们的差别和对立是不充分的。从同一类内部看,存在着差别和变化,自身同一也是不充分的。我们在实际问题中常常发现,模糊性总是强烈地表现在空间中或结构上的边缘区或结合部,表现在两个历史发展过程之间的过渡阶段,原因盖出于此。

模糊性总是伴随着复杂性而出现。复杂性意味着因素的多样性、联系的多样性。选购衣服,若分别就花色、耐用性、价格等单因素评定,容易作出清晰确定的结论。若把诸多因素联系起来评定,就显得相当复杂、难于确定了。这就是说,单因素易于一刀切,作出精确描述,多因素纵横交错地一起作用,便难于一刀切,难于作出精确描述。因素越多,联系越错综复杂,越难于精确化。大量可以精确描述的单因素错综杂沓地交织在一起,必然产生出具有新质的属性,即模糊性。事物的普遍联系性造成了事物的复杂性和模糊性。

模糊性的根源也在于事物的发展变化性。变化性就是不确定性。"'绝对分明的和固定不变的界限'是和进化论不相容的"。[①] 变化就是对固定界限的否定,对原有界限的扬弃。除了那种瞬息之间由一极突变为另一极的情形外,大多数事物的变化是通过一系列中介环节而从一极变到另一极的,也就是通过使事物原有界限逐步模糊化而达到超越原有界限的。处于过渡阶段的事物的基本特征就是性态的不确定性、类属的不清晰性,也就是模糊性。

静态的、时不变的事物易于精确描述,动态的、时变的事物难于精确描述。

经验表明,对事物作分析研究时容易见到清晰性,对事物作综合研究时容易见到模糊性。因为分析的着眼点是单因素,把大量其他因素暂时撇开,在纯粹状态下考察某一因素,易于作出明晰的结论。而综合的着眼点是众多因素的相互联系、相互作用及其整体效应。模糊性是把事物放在普遍联系和发展变化中观察时所呈现出来的一种关于事物整体性的特

---

① 恩格斯:《自然辩证法》,《马克思恩格斯选集》第3卷,第535页。

性，是反映诸多因素共同影响的综合性特征。扎德说过："模糊性所涉及的不是一个点属于集合的不确定性，而是从属于到不属于的变化过程的渐进性。"[54]他所强调的，也是从整体性上把握模糊性这种不确定性。

2.5　模糊性的客观性和主观性

模糊性是客观的还是主观的？对模糊学持褒、贬两种态度的人都很关心这个问题。

从辩证唯物论的观点看，模糊性植根于事物的普遍联系和发展变化这一根本属性，植根于差异的中介过渡性这种客观存在，本质上是客观的。模糊学的广泛应用也证明了这一点。

有一种意见认为，模糊性是指属于认识主体方面所产生的不确定性。这是一种以偏概全的观点。诚然，就本义讲，"清晰"与"模糊"这些用语表述的是认识主体的感觉和判断，客观对象本身无所谓清晰与模糊。按照这种狭义的理解，不存在客观模糊性。但是，有的对象明显地呈现出非此即彼的性态，有的对象明显地呈现出亦此亦彼的性态，呈现出中介过渡性，这种差别是客观的。主观感觉上清晰与模糊的差别，反映了这种客观差别。我们习惯上把对象固有的亦此亦彼性称为模糊性，并无不可。按照这种广义的理解，存在客观模糊性。模糊学研究的模糊性，首先指的就是客观事物固有的亦此亦彼性。

认识活动中的模糊性，如大量使用的模糊性概念，也不能仅仅归结为主观性的产物。主观的模糊性有客观的根源和内容。"青年"和"中年"这两个概念代表的年龄范围没有明确界限，这种模糊性的根源在于它们所概括的个人发展史上的两个阶段之间既有质的差别、又无明确界限这一客观事实。倘若客观事物都是非此即彼、界限分明的，只用精确科学的方法就可以分析处理一切事情，模糊性问题和模糊概念也就不复存在了。

当然,认识的模糊性也有主观根源。如果人的认识能力是无限的,能够绝对同一地复现客观对象,即使对象是亦此亦彼的,主观也不会有模糊不清的感觉。实际的人在认识过程中受到种种主客观条件的限制,只能近似地复现客观事物。由于人总是力图用确定性的模型去逼近不确定性的对象,不能不在认识的结果中打上主观性印记。分类是一种认识活动。要把本身并无明显差异的对象归入少数确定的类别,认识主体必定感到界限模糊不清,分类必定带有主观成分,结论必定因人而异。这就是所谓“主观固有的模糊性”。这种模糊性也属于模糊学研究的对象。

2.6 模糊性与质量互变规律

一切事物都是质和量的统一体。体现这种统一的概念,哲学上叫作度。度是一定事物保持自身质的量的限度。任何度的两端都存在称为关节点的界限。在此范围内事物的质保持不变,超出关节点,事物的质就要发生变化。这是我们熟知的质量互变规律的基本观点。

确切地说,这些观点主要适用于描述清晰事物的质量互变现象。模糊事物的质量互变有许多不同特点。清晰事物的特点是有明确的度和关节点。如人们所熟知的,在标准大气压下,水的度是0℃到100℃。模糊事物的特点是没有明确的度和关节点。凉水和热水,大雨和中雨,不存在明确的数量界限。一切质都由量来表现,受量的制约,这是共同的。对于清晰事物,一定的质由一定的度来表现,度体现了量对质的制约。对于模糊事物,无法用确定的度来表现一定的质。在模糊的情形下,量的变化过程中两个在质上有区别的事物或阶段之间都有一个各依具体情况而大小不等的模糊带。在这个模糊带中,既不能说对象完全具有某种质,也不能说对象完全不具有那种质,而应考察对象具有那种质的程度(即属于该类的资格程度)如何。模糊事物的质,要根据这种资格程度的变化情况

(或分布情况)来把握,不同的分布情况代表不同质的模糊事物。

量变和质变的相互关系也有不同表现。清晰事物可以明确区分量变阶段和质变阶段。模糊事物由于不存在确定的质量互变关节点,无法明确区分量变阶段和质变阶段。量的每一变化都改变着质,又不会使质骤然发生根本改变,而是把质变融化在量变之中。随着量的逐渐变化,原质逐渐消失,新质逐渐积累,此一模糊事物逐渐演化为彼一模糊事物。由黄色到绿色,由青年到中年,质的变化都是这样进行的。循序追踪量变的每一时刻去观察事物,或者置身于事物的演变过程中,很难觉察事物的质在变化。越过一定的间隔去观察事物,量变带来的质的差异就明显可见了。所谓"士别三日,当刮目相看",说的就是这个道理。

一般地说,爆发式质变是清晰事物之间的转化方式,非爆发式质变是模糊事物之间的转化方式。一种清晰事物在未发生根本质变之前,常常经历许多部分质变。部分质变有两种基本类型。一种是事物的根本性质未变而比较次要的性质发生了变化,使事物的发展呈现出阶段性,叫作阶段性部分质变。另一种是事物就全局来说性质未变而其中个别部分发生了性质的变化,叫作局部性部分质变。不论哪种情形,不同部分质变之间很难有明确的界限。部分质变是一个带有模糊性的概念。一般说来,通过部分质变形成的是模糊事物。根本质变这个概念也有模糊性,有时候,根本质变与部分质变之间也难于找到明确的分界线。有些事物,在其量的全部可能变化范围内能否发生根本质变难于确定。由赤道向两极延伸,随着纬度的量变,形成热带、温带、寒带这类模糊事物。但在纬度的全部变化范围内,没有象人由生到死那种根本质变。即使后者,也不会存在发生根本质变的确定的量的(年龄的)界限,这种根本质变的界限也是模糊的。

思考题

1. 模糊性与随机性有哪些异同?
2. 试述模糊性与精确性的辩证关系。
3. 为什么说模糊性是模糊事物的一种整体特性?

第三章　模糊集合论(一)

模糊集合论是模糊学的基础理论部分。扎德把模糊集合作为描述模糊事物的数学模型,通过集合的运算、关系和变换,成功地奠定了对模糊性作数学的、逻辑的和语言的分析的基础。因此,有关模糊学的著作都是从阐述模糊集合论开始的。模糊集合是经典集合(或称普通集合)的推广。作为对照,首先介绍经典集合论的若干概念。

3.1　经典集合概念及其局限性

在经典的素朴集合论中,集合被理解为人们直观上或思想上的那些确定的、能够彼此区分的事物汇集在一起形成的整体。属于集合的事物,叫作集合的元素。集合常用大写字母 A、B、X、Y 等为记号,元素常用小写字母 a、b、x、y 等为记号。x 属于 A,记作 $x \in A$;y 不属于 A,记作 $y \notin A$。

不包含任何元素的集合,叫作空集合,记作 ϕ。包含讨论范围内全部元素的集合,叫作全集合,记作 $\cup$。只包含一个元素(如 x)的集合,叫作单元集合,记作 $\{x\}$。恰巧包含两个元素的集合,叫作对集合。两个元素 x 和 y 不分次序的对集合,叫作无序对,记作 $\{x,y\}$。x 和 y 有一定次序的对集合,叫作有序对,记作 $<x,y>$。包含有限个元素的集合,叫作有限集

合。以 $a_1, a_2, \cdots, a_n$ 为元素的集合 A,可以用枚举法表示为

$$A = \{a_1, a_2, \cdots, a_n\} \tag{3.1}$$

包含无限多个元素的集合,叫作无限集合,不能用枚举法表示。

素朴集合论认为,一个性质决定一个集合。对象 x 具有性质 P,记作 P(x)。由性质 P 决定的集合 X 可表示为:

$$X = \{x \mid P(x)\} \tag{3.2}$$

有限集合或无限集合均可采用这种表示方法。(3.2)表述了素朴集合论的一个基本前提,通常称为概括原则。

给定集合 A 和 B,则:

(1)A 包含于 B,记作 $A \subseteq B$,当且仅当一切属于 A 的元素都属于 B,即

$$A \subseteq B \rightleftharpoons \forall x, \text{若 } x \in A, \text{则 } x \in B \tag{3.3}$$

(2)A 等于 B,记作 A = B,当且仅当 A 包含于 B 且 B 包含于 A,即:

$$A = B \rightleftharpoons A \subseteq B \text{ 且 } B \subseteq A \tag{3.4}$$

若 $A \subseteq B$,则称 A 是 B 的子集合。若 $A \subseteq B$,但 $B \not\subseteq A$,则称 A 是 B 的真子集合,记作 $A \subset B$。

集合还可以用特征函数来表示。集合 A 的特征函数,记作 $f_A(x)$,定义为:

$$f_A(x) = \begin{cases} 1 & \text{当 } x \in A \\ 0 & \text{当 } x \notin A \end{cases} \tag{3.5}$$

概括原则包含这样一条假定:对于任一元素 x 和集合 A,要么 $x \in A$,要么 $x \notin A$,二者必居其一,且只居其一。这种关于属于关系的二值的、绝对化的规定,是对清晰事物类属关系的科学抽象,刻画了清晰事物要么具有某种性态、要么不具有该种性态的非此即彼的特征。一个清晰事物类就是一个普通集合。以普通集合作为描述清晰事物的数学模型,有关的数量关系即可得到精确的描述。但也正是这一条假定,使普通集合本质上不能描述类属不分明的模糊事物。要克服这个困难,需要推广集合

概念。

3.2 模糊集合

要给模糊事物以适当的集合描述,关键的步骤是放弃经典集合论的基本假定,代之以一个新的假定:论域(讨论涉及的对象范围)上的对象从属于集合到不属于集合是逐步过渡而非突然改变的。采取这一前提意味着:(1)把元素属于集合的概念模糊化,承认论域上存在既非完全属于某集合、又非完全不属于该集合的元素,变绝对的属于概念为相对的属于概念;(2)把属于概念数量化,承认论域上的不同元素对同一集合有不同的隶属程度,引入隶属度概念,用以对属于关系的量的规定性进行度量。

设 A 是论域 U 上的模糊集合。U 中百分之百地属于 A 的元素对 A 的隶属度为$\mu=1$,百分之百不属于 A 的元素对 A 的隶属度为$\mu=0$,其余的元素对 A 的隶属度用介于 0 和 1 之间的实数μ来表示,较大的μ值表示较高的隶属度,那么,模糊集合 A 就得到一种定量的刻画。

以"~"作为模糊化记号,模糊集合记作 $\underset{\sim}{A}$、$\underset{\sim}{B}$、$\underset{\sim}{C}$ 等。

定义 论域 U 上的模糊集合 $\underset{\sim}{A}$ 是用一个从 U 到实区间[0,1]的函数$\mu_{\underset{\sim}{A}}$来刻画的,$\mu_{\underset{\sim}{A}}$叫作模糊集合 $\underset{\sim}{A}$ 的隶属函数,函数值$\mu_{\underset{\sim}{A}}(x)$代表元素 x 对集合 $\underset{\sim}{A}$ 的隶属度。

为简便记,有时将模糊集合 $\underset{\sim}{A}$ 的隶属函数记作 $\underset{\sim}{A}(x)$。

对于熟悉现代数学映射概念的读者,我们介绍以下较为严格的定义。

定义 论域 U 到实区间[0,1]的任一映射

$$\mu_{\underset{\sim}{A}}: U \longrightarrow [0,1],$$

$$\forall x \in U, x \longrightarrow \mu_{\underset{\sim}{A}}(x)。 \qquad (3.6)$$

都确定 U 上的一个模糊集合 $\underset{\sim}{A}$,$\mu_{\underset{\sim}{A}}$ 叫作 $\underset{\sim}{A}$ 的隶属函数,$\mu_{\underset{\sim}{A}}(x)$叫作 x

对 $\underset{\sim}{A}$ 的隶属度。

关于模糊集合的讨论，总是在确定的论域或全集上进行的。因此，许多作者常常不称模糊集合，而称为给定论域上的模糊子集合。

模糊集合的表示法 给定有限论域 $U = \{x_1, x_2, \cdots, x_n\}$，$\underset{\sim}{A}$ 为 U 上的模糊集合，μ_i 记 x_i 对 $\underset{\sim}{A}$ 的隶属度，通常按扎德的记法，将 $\underset{\sim}{A}$ 表示为

$$\underset{\sim}{A} = \frac{\mu_1}{x_1} + \frac{\mu_2}{x_2} + \cdots\cdots + \frac{\mu_n}{x_n} \tag{3.7}$$

注意，上式右边并非算术中的分式相加。$\frac{\mu_i}{x_i}$中的分母是论域中的元素，分子是该元素对 $\underset{\sim}{A}$ 的隶属度，取分式的形式只表示 μ_i 与 x_i 的对应关系。"+"号不是运算，表示将各项汇总，表现集合概念。若 $\mu_i = 0$，(3.7)式中可以略去该项。

例 1 设某学生小组的成员 x_1, x_2, x_3, x_4, x_5 属于"高个子"的程度分别为 0.3，0.6，0.9，0.5，1，则模糊集合"高个子"（记作 $\underset{\sim}{H}$）可表示为

$$\underset{\sim}{H} = \frac{0.3}{x_1} + \frac{0.6}{x_2} + \frac{0.9}{x_3} + \frac{0.5}{x_4} + \frac{1}{x_5}$$

例 2 设 $U = \{1, 2, 3, 4, 5\}$。$\underset{\sim}{A} = \frac{0.7}{1} + \frac{0.5}{2} + \frac{1}{3} + \frac{0.8}{4} + \frac{0.3}{5}$，$\underset{\sim}{B} = \frac{0.4}{1} + \frac{0.6}{3} + \frac{0.7}{4} + \frac{1}{5}$，均为 U 上的模糊集合。

(3.7)中的每一项$\frac{\mu_i}{x_i}$可以看作一个模糊单元集。(3.7)表明模糊集合是模糊单元集的并集合，记作

$$\underset{\sim}{A} = \sum_{i=1}^{n} \frac{\mu_i}{x_i} \tag{3.8}$$

当论域为无限集合时，模糊集合可用解析式或图形来表示。若给定隶属函数 $\mu_{\underset{\sim}{A}}$，则 $\underset{\sim}{A}$ 可表示为

$$\underset{\sim}{A} = \int_U \mu_{\underset{\sim}{A}}(x)/x \tag{3.9}$$

例 3　以年龄变化范围 U = [0,100] 为论域,年轻和年老都是 U 上的模糊集合,分别记作 $\underset{\sim}{Y}$ 和 $\underset{\sim}{O}$。按扎德的定义:

$$\mu_{\underset{\sim}{Y}}(x) = \begin{cases} 1 & 0 \leqslant x \leqslant 25 \\ \left[1 + \left(\frac{x-25}{5}\right)^2\right]^{-1} & 25 \leqslant x \leqslant 100 \end{cases} \tag{3.10}$$

$$\mu_{\underset{\sim}{O}} = \begin{cases} 0 & 0 \leqslant x \leqslant 50 \\ \left[1 + \left(\frac{x-50}{5}\right)^{-2}\right]^{-1} & 50 < x \leqslant 100 \end{cases} \tag{3.11}$$

按(3.9),模糊集合 $\underset{\sim}{O}$ 可表示为:

$$\underset{\sim}{O} = \int_{50}^{100} \left[1 + \left(\frac{x-50}{5}\right)^{-2}\right]^{-1} \Big/ x \tag{3.12}$$

(3.9)和(3.12)中的符号"∫"不是积分号,而是表示模糊单元集的汇总。50 和 100 也不是积分限,而是论域的标志。

普通集合是模糊集合的特殊情形,隶属度只取 0 和 1 两个数值。如果对于论域 U 上的模糊集合 $\underset{\sim}{A}$ 至少存在一个元素 $x \in U$,使得 $0 < \underset{\sim}{A}(x) < 1$,则称 $\underset{\sim}{A}$ 为 U 上的真模糊集合。上面讨论的诸集合都是真模糊集合。

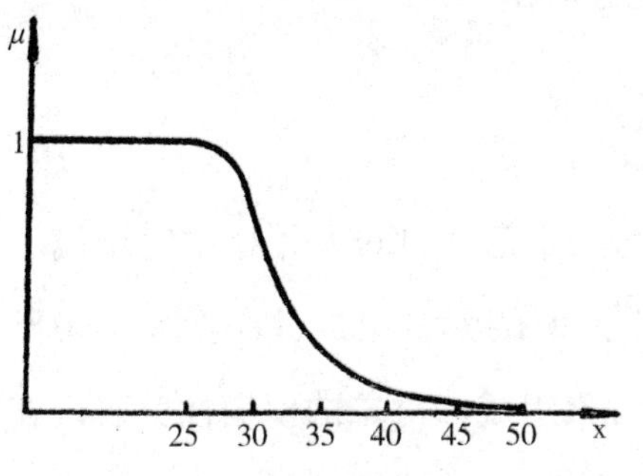

图 3-1　"年轻"的隶属函数 $\mu_{\underset{\sim}{Y}}(x)$

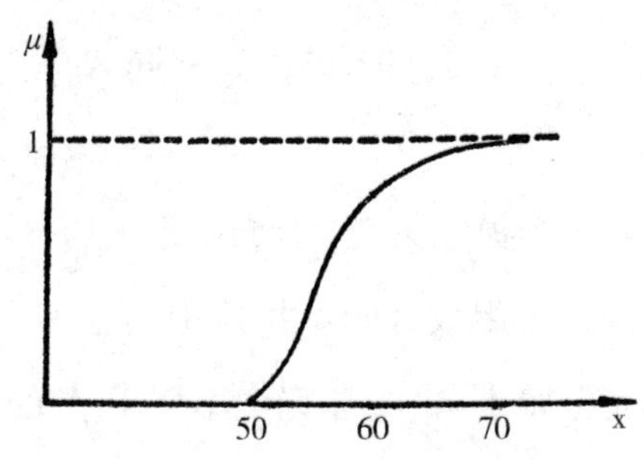

图 3-2　"年老"的隶属函数 $\mu_{\underset{\sim}{O}}(x)$

由模糊集合的定义直接得到:

(1) 两个模糊集合相等,当且仅当它们的隶属函数在论域上恒等,即:

$$\underset{\sim}{A}=\underset{\sim}{B} \Leftrightarrow \forall x \in U, \underset{\sim}{A}(x)=\underset{\sim}{B}(x) \tag{3.13}$$

(2)模糊集合 $\underset{\sim}{A}$ 包含于 $\underset{\sim}{B}$ 中,当且仅当对于论域上的所有元素 x,恒有 $\underset{\sim}{A}(x) \leqslant \underset{\sim}{B}(x)$,即:

$$\underset{\sim}{A} \subseteq \underset{\sim}{B} \Leftrightarrow \forall x \in U, \underset{\sim}{A}(x) \leqslant \underset{\sim}{B}(x) \tag{3.14}$$

模糊集合与普通集合有密切联系。一个模糊集合可以通过与它有关的几个普通集合而得到部分的、直观的描述。

定义 对于论域 U 上的模糊集合 $\underset{\sim}{A}$,

(1)$\underset{\sim}{A}$ 的核心,记作 $\mathrm{Ker}\underset{\sim}{A}$,系指普通集合

$$\mathrm{Ker}\underset{\sim}{A}=\{x \mid x \in U, \underset{\sim}{A}(x)=1\} \tag{3.15}$$

(2)$\underset{\sim}{A}$ 的撑集(支集,台),记作 $\mathrm{Sup}\underset{\sim}{A}$,系指普通集合

$$\mathrm{Sup}\underset{\sim}{A}=\{x \mid x \in U, \underset{\sim}{A}(x)>0\} \tag{3.16}$$

(3)$\underset{\sim}{A}$ 的边缘,记作 $\mathrm{Peri}\underset{\sim}{A}$,系指普通集合

$$\begin{aligned}\mathrm{Peri}\underset{\sim}{A} &=\mathrm{Sup}\underset{\sim}{A}-\mathrm{Ker}\underset{\sim}{A} \\ &=\{x \mid x \in U, 0<\underset{\sim}{A}(x)<1\}\end{aligned} \tag{3.17}$$

(4)$\underset{\sim}{A}$ 的外部,记作 $\mathrm{Out}\underset{\sim}{A}$,系指普通集合

$$\begin{aligned}\mathrm{Out}\underset{\sim}{A} &=U-\mathrm{Sup}\underset{\sim}{A} \\ &=\{x \mid x \in U, \underset{\sim}{A}(x)=0\}\end{aligned} \tag{3.18}$$

一个模糊集合 $\underset{\sim}{A}$ 将论域 U 划分为三个部分,$\mathrm{Ker}\underset{\sim}{A}$ 由 U 中完全属于 $\underset{\sim}{A}$ 的元素组成,$\mathrm{Out}\underset{\sim}{A}$ 由 U 中完全不属于 $\underset{\sim}{A}$ 的元素组成,$\mathrm{Peri}\underset{\sim}{A}$ 由 U 中既非完全属于 $\underset{\sim}{A}$、又非完全不属于 $\underset{\sim}{A}$ 的元素组成。对象的模糊性就表现在 $\mathrm{Peri}\ \underset{\sim}{A}$ 中,在 $\mathrm{Ker}\underset{\sim}{A}$ 和 $\mathrm{Out}\ \underset{\sim}{A}$ 中则是清晰确定的。一般来说,一个模糊集合并非处处模糊。不同的模糊集合通常具有不同的核心、边缘和外部,形成对论域的不同划分。

几点注记:

(1)隶属度可以不在[0,1]区间内取值。例如,可以在格 L 或环 R 上

取值,相应的模糊集合,称为 L—模糊集合或 R—模糊集合。

(2)用隶属函数定义模糊集合(有时甚至把模糊集合和它的隶属函数当作同一个东西),失去了集合的直观性,缺乏数学训练的人有难以捉摸之感。应当承认,模糊集合与普通集合有质的差异,不能按普通集合的概念去理解。普通集合着眼于确定哪些元素属于集合。模糊集合着眼于确定元素对集合的隶属程度。前者边界是确定的,后者的边界是不明确的。原则上讲,论域中每个元素都以一定的程度属于每个模糊集合,不同模糊集合的差别不在于包含元素的不同,只在于元素属于集合的程度不同,亦即隶属度在论域上的分布不同。

(3)从 U 到[0,1]的任一函数都代表 U 上的一个模糊集合,不同隶属函数代表不同的模糊集合。不管 U 是有限集还是无限集,U 上的模糊子集合都有无限多个。当 U 为有限集时,U 的普通子集合只有有限多个。

(4)令 $\underset{\sim}{P}$ 记某一模糊性质,$\underset{\sim}{P}(x)$ 表示 x 具有模糊性质 $\underset{\sim}{P}$。模糊集合论的基本假设可以表述为:一个模糊性质 $\underset{\sim}{P}$ 决定一个模糊集合。我们称之为模糊概括原则,或称为隶属原则。从经典集合论到模糊集合论的桥梁是把概括原则模糊化。

3.3 模糊集合的运算

模糊集合最基本的运算也是并、交、补三种,运算符号也采用∪、∩ ^{c}。设 $\underset{\sim}{A}$、$\underset{\sim}{B}$ 为论域 U 上的模糊集合,$\underset{\sim}{A}$ 和 $\underset{\sim}{B}$ 的并集合记作 $\underset{\sim}{A}\cup\underset{\sim}{B}$,交集合记作 $\underset{\sim}{A}\cap\underset{\sim}{B}$,$\underset{\sim}{A}$ 的补集合记作 $\underset{\sim}{A}^c$,$\underset{\sim}{A}\cup\underset{\sim}{B}$、$\underset{\sim}{A}\cap\underset{\sim}{B}$ 和 $\underset{\sim}{A}^c$ 仍是 U 上的模糊集合。

人脑在分析处理模糊事物时,经常进行求模糊集合的并、交、补运算。

例如，中到大雨 = 中雨 ∪ 大雨，瘦高个子 = 瘦子 ∩ 高个子，不满意 = (满意)^c，等等。

如何给模糊集合的并、交、补运算下定义，是一个重要问题。不同的情况需要有不同定义的运算，但有三条原则要遵守。第一，复合模糊集合的隶属函数应由分支模糊集合的隶属函数来确定。所谓给并、交、补下定义，就是规定如何根据分支集合的隶属函数来计算复合集合隶属函数的规则。第二，模糊集合运算的定义是对人脑思维中关于模糊概念进行复合的规则的模拟。第三，普通集合的运算可以作为模糊集合对应运算的特殊情形，使两者联系起来。

首先将普通集合的并、交、补运算按特征函数作如下的形式变换：

$$
\begin{aligned}
f_{A\cup B}(x) &= \begin{cases} 1 & x \in A\cup B \\ 0 & x \notin A\cup B \end{cases} \\
&= \begin{cases} 1 & x \in A \text{ 或 } x \in B \\ 0 & x \notin A \text{ 且 } x \notin B \end{cases} \\
&= \max(f_A(x), f_B(x))
\end{aligned}
\tag{3.19}
$$

$$
\begin{aligned}
f_{A\cap B}(x) &= \begin{cases} 1 & x \in A\cap B \\ 0 & x \notin A\cap B \end{cases} \\
&= \begin{cases} 1 & x \in A \text{ 或 } x \in B \\ 0 & x \notin A \text{ 且 } x \notin B \end{cases} \\
&= \min(f_A(x), f_B(x))
\end{aligned}
\tag{3.20}
$$

$$
\begin{aligned}
f_{A^c}(x) &= \begin{cases} 1 & x \in A^c \\ 0 & x \notin A^c \end{cases} \\
&= 1 - f_A(x)
\end{aligned}
\tag{3.21}
$$

把模糊集合作为普通集合的推广，扎德按(3.18)、(3.19)、(3.20)给出模糊集合并、交、补运算的定义。

定义 设 $\underset{\sim}{A}$、$\underset{\sim}{B}$ 为论域 U 上的模糊集合，$\underset{\sim}{A}\cup\underset{\sim}{B}$、$\underset{\sim}{A}\cap\underset{\sim}{B}$、$\underset{\sim}{A}^c$ 分别为下

述隶属函数描述的模糊集合：

$$(\underset{\sim}{A}\cup\underset{\sim}{B})(x)=\max(\underset{\sim}{A}(x),\underset{\sim}{B}(x)),\ \forall x\in U; \tag{3.22}$$

$$(\underset{\sim}{A}\cap\underset{\sim}{B})(x)=\min(\underset{\sim}{A}(x),\underset{\sim}{B}(x)),\ \forall x\in U; \tag{3.23}$$

$$\underset{\sim}{A}^{c}(x)=1-\underset{\sim}{A}(x),\ \forall x\in U; \tag{3.24}$$

以 $\vee$ 表示取最大值，$\wedge$ 表示取最小值，那么：

$$\begin{aligned}(\underset{\sim}{A}\cup\underset{\sim}{B})(x)&=\vee(A(x),\underset{\sim}{B}(x))\\&=\underset{\sim}{A}(x)\vee\underset{\sim}{B}(x)\end{aligned} \tag{3.25}$$

$$\begin{aligned}(\underset{\sim}{A}\cap\underset{\sim}{B})(x)&=\wedge(\underset{\sim}{A}(x),\underset{\sim}{B}(x))\\&=\underset{\sim}{A}(x)\wedge\underset{\sim}{B}(x)\end{aligned} \tag{3.26}$$

例 1　设 $\underset{\sim}{A}=\frac{0.8}{x_1}+\frac{0.2}{x_2}+\frac{0.1}{x_3}+\frac{0.4}{x_4}+\frac{0.7}{x_5}$,

$$\underset{\sim}{B}=\frac{0.2}{x_1}+\frac{0.4}{x_2}+\frac{0.6}{x_4}+\frac{0.9}{x_5}$$

则　$\underset{\sim}{A}\cup\underset{\sim}{B}=\frac{0.8}{x_1}+\frac{0.4}{x_2}+\frac{0.1}{x_3}+\frac{0.6}{x_4}+\frac{0.9}{x_5}$

$$\underset{\sim}{A}\cap\underset{\sim}{B}=\frac{0.2}{x_1}+\frac{0.2}{x_2}+\frac{0.4}{x_4}+\frac{0.7}{x_5}$$

$$\underset{\sim}{A}^{c}=\frac{0.2}{x_1}+\frac{0.8}{x_2}+\frac{0.9}{x_3}+\frac{0.9}{x_3}+\frac{0.6}{x_4}+\frac{0.3}{x_5}$$

上述模糊集合的运算都有现实原型。通常所谓两利相权取其大、两害相权取其小，就是取最大值(3.21)和取最小值(3.22)运算的一种原型。

普通集合的并、交、补运算满足幂等律、交换律、结合律、分配律、吸收律、对偶律、复原律和互余律，构成一个布尔代数。其中大部分对模糊集合也成立。我们只就其中个别情形给出简略证明，其余的作为练习留给读者。

(一)幂等律

$$\underset{\sim}{A}\cup\underset{\sim}{A}=\underset{\sim}{A} \tag{3.27}$$

$$\underset{\sim}{A}\cap\underset{\sim}{A}=\underset{\sim}{A} \tag{3.28}$$

(二)交换律

$$\underset{\sim}{A}\cup\underset{\sim}{B}=\underset{\sim}{B}\cup\underset{\sim}{A} \tag{3.29}$$

$$\underset{\sim}{A}\cap\underset{\sim}{B}=\underset{\sim}{B}\cap\underset{\sim}{A} \tag{3.30}$$

(三)结合律

$$(\underset{\sim}{A}\cup\underset{\sim}{B})\cup\underset{\sim}{C}=\underset{\sim}{A}\cup(\underset{\sim}{B}\cup\underset{\sim}{C}) \tag{3.31}$$

$$(\underset{\sim}{A}\cap\underset{\sim}{B})\cap\underset{\sim}{C}=\underset{\sim}{A}\cap(\underset{\sim}{B}\cap\underset{\sim}{C}) \tag{3.32}$$

证明(3.31)

$$\begin{aligned}\because [(\underset{\sim}{A}\cup\underset{\sim}{B})\cup\underset{\sim}{C}](x) &= (\underset{\sim}{A}\cup\underset{\sim}{B})(x)\vee\underset{\sim}{C}(x)\\ &=(\underset{\sim}{A}(x)\vee\underset{\sim}{B}(x))\vee\underset{\sim}{C}(x)\\ &=\underset{\sim}{A}(x)\vee(\underset{\sim}{B}(x)\vee\underset{\sim}{C}(x))\\ &=\underset{\sim}{A}(x)\vee(\underset{\sim}{B}\cup\underset{\sim}{C})(x)\\ &=[A\cup(B\cup C)](x),\end{aligned}$$

$$\therefore (\underset{\sim}{A}\cup\underset{\sim}{B})\cup\underset{\sim}{C}=\underset{\sim}{A}\cup(\underset{\sim}{B}\cup\underset{\sim}{C})$$

(四)分配律

$$\underset{\sim}{A}\cup(\underset{\sim}{B}\cap\underset{\sim}{C})=(\underset{\sim}{A}\cup\underset{\sim}{B})\cap(\underset{\sim}{A}\cup\underset{\sim}{C}) \tag{3.33}$$

$$\underset{\sim}{A}\cap(\underset{\sim}{B}\cup\underset{\sim}{C})=(\underset{\sim}{A}\cap\underset{\sim}{B})\cup(\underset{\sim}{A}\cap\underset{\sim}{C}) \tag{3.34}$$

(五)吸收律

$$A\cup(\underset{\sim}{A}\cap\underset{\sim}{B})=\underset{\sim}{A} \tag{3.35}$$

$$\underset{\sim}{A}\cap(\underset{\sim}{A}\cup\underset{\sim}{B})=\underset{\sim}{A} \tag{3.36}$$

证明(3.36)

$$\begin{aligned}\because [\underset{\sim}{A}\cap(\underset{\sim}{A}\cup B)](x) &= \underset{\sim}{A}(x)\wedge(\underset{\sim}{A}\cup\underset{\sim}{B})(x)\\ &=A(x)\wedge(A(x)\vee B(x))\\ &=\underset{\sim}{A}(x)\end{aligned}$$

$\therefore \underset{\sim}{A} \cap (\underset{\sim}{A} \cup \underset{\sim}{B}) = \underset{\sim}{A}$

(六)对偶律

$$(\underset{\sim}{A} \cup \underset{\sim}{B})^c = \underset{\sim}{A}^c \cap \underset{\sim}{B}^c \tag{3.37}$$

$$(\underset{\sim}{A} \cap \underset{\sim}{B}) = \underset{\sim}{A}^c \cup \underset{\sim}{B}^c \tag{3.38}$$

(七)复原律

$$(\underset{\sim}{A}^c)^c = \underset{\sim}{A} \tag{3.39}$$

但互余律不成立,即

$$\underset{\sim}{A} \cup \underset{\sim}{A}^c \neq U \tag{3.40}$$

$$\underset{\sim}{A} \cap \underset{\sim}{A}^c \neq \phi \tag{3.41}$$

互余律的含义是,对于论域 U 上的一切 x,有

$$(\underset{\sim}{A} \cup \underset{\sim}{A}^c)(x) \equiv 1 \tag{3.42}$$

$$(\underset{\sim}{A} \cap \underset{\sim}{A}^c)(x) \equiv 0。 \tag{3.43}$$

模糊集合不满足这两个条件。例如,设 $\underset{\sim}{A}(x_0) = 0.6$,则 $\underset{\sim}{A}^c(x_0) = 0.4$,显然 $(\underset{\sim}{A} \cup \underset{\sim}{A}^c)(x_0) = 0.6 \neq 1$,$(\underset{\sim}{A} \cap \underset{\sim}{A}^c)(x_0) = 0.4 \neq 0$。互余律表现的是经典集合论的基本假定。模糊集合论取消了这个假定,故不满足互余律。

模糊集合的并、交运算可以推广到任何有限个模糊集合的情形。

定义　设 $\underset{\sim}{A}_1, \underset{\sim}{A}_2, \cdots, \underset{\sim}{A}_n$ 是 U 上的 n 个模糊集合,则它们的并与交分别是由以下隶属函数描述的模糊集合:

$$(\bigcup_{i \in I} \underset{\sim}{A}_i)(x) = \vee(\underset{\sim}{A}_1(x), \underset{\sim}{A}_2(x), \cdots, \underset{\sim}{A}_n(x)) \tag{3.44}$$

$$(\bigcap_{i \in I} \underset{\sim}{A}_i)(x) = \wedge(\underset{\sim}{A}_1(x), \underset{\sim}{A}_2(x), \cdots, \underset{\sim}{A}_n(x)) \tag{3.45}$$

其中,$I = \{1, 2, \cdots, n\}$ 是脚标集合。

用模糊集合的运算表现人脑在不同情况下灵活地处理模糊性问题所用的规则,上述三种运算是远远不够的。需要制定更多的运算规则。下面列举的几种运算,也是模糊学文献中比较常见的。

代数和

$$\underset{\sim}{A}+\underset{\sim}{B}\rightleftharpoons(\underset{\sim}{A}+\underset{\sim}{B})(x)=\underset{\sim}{A}(x)+\underset{\sim}{B}(x)-\underset{\sim}{A}(x)\underset{\sim}{B}(x)$$
$$=1-(1-\underset{\sim}{A}(x))(1-\underset{\sim}{B}(x)) \tag{3.46}$$

代数积

$$\underset{\sim}{A}\cdot\underset{\sim}{B}\rightleftharpoons(\underset{\sim}{A}\cdot\underset{\sim}{B})(x)=\underset{\sim}{A}(x)\underset{\sim}{B}(x) \tag{3.47}$$

有界和

$$\underset{\sim}{A}\oplus\underset{\sim}{B}\rightleftharpoons(\underset{\sim}{A}\oplus\underset{\sim}{B})(x)=1\wedge(\underset{\sim}{A}(x)+\underset{\sim}{B}(x)) \tag{3.48}$$

有界差

$$\underset{\sim}{A}\ominus\underset{\sim}{B}\rightleftharpoons(\underset{\sim}{A}\ominus\underset{\sim}{B})(x)=0\vee(\underset{\sim}{A}(x)-\underset{\sim}{B}(x)) \tag{3.49}$$

有界积

$$\underset{\sim}{A}\odot\underset{\sim}{B}\rightleftharpoons(\underset{\sim}{A}\odot\underset{\sim}{B})(x)=0\vee(\underset{\sim}{A}(x)+\underset{\sim}{B}(x)-1) \tag{3.50}$$

幂乘

$$\underset{\sim}{A}^{\alpha}\rightleftharpoons\underset{\sim}{A}^{\alpha}(x)=(\underset{\sim}{A}(x))^{\alpha},\alpha>0 \tag{3.51}$$

数量乘

$$a\underset{\sim}{A}\rightleftharpoons(a\underset{\sim}{A})(x)=a\underset{\sim}{A}(x),a\geqslant 0\text{ 且 } a\mathrm{Supp}\,\underset{\sim}{A}(x)\leqslant 1 \tag{3.52}$$

上述运算可应用于语言算子、模糊推理、可能性理论等方面。

3.4 隶属函数

普通集合用特征函数刻画,模糊集合用隶属函数来刻画。特征函数的值域为集合{0,1},隶属函数的值域为区间[0,1]。隶属函数是特征函数的推广,模糊集合论、乃至整个模糊学的最基本的概念之一。

隶属函数也称为资格函数或从属函数,刻画的是元素从属于集合到不属于集合的渐变过程,亦即隶属度在论域上的分布。所谓模糊性,就是元素对集合属于关系的不分明性、属于程度的连续过渡性。

隶属度是模糊集合论应用于实际问题的基石。一个具体的模糊性对象,首先要写出切合实际的隶属函数,才能应用模糊学方法作具体的定量分析。正确构造隶属函数是应用模糊学方法的关键。但这个问题至今尚未获得令人满意的解决。通常的理论文献中的例子,大多是用推理方法近似指定隶属函数。扎德关于 $\underset{\sim}{Y}(x)$ 和 $\underset{\sim}{O}(x)$ 的定义就是典型。这里再举两个简单例子。

例 1 设 U = {0,1,2,3,4,5,6,7,8,9}。以 $\underset{\sim}{S}$ 记 U 上的模糊集合,"小的"。在头 10 个自然数范围内相对地区分大小,根据自然数的序关系,给每个数适当指定隶属度,得到如下隶属函数 $\underset{\sim}{S}(x)$:

x	0	1	2	3	4	5	6	7	8	9
$\underset{\sim}{S}(x)$	1	1	0.7	0.5	0.2	0	0	0	0	0

例 2 设论域 U = {a,b,c,d,e}(如图 3-3)。圆块和方块是 U 上的模糊集合,分别记作 $\underset{\sim}{A}$ 和 $\underset{\sim}{B}$。按各个图形中圆弧所占比例来指定隶属度,得隶属函数:

x	a	b	c	d	e
$\underset{\sim}{A}(x)$	1	0.75	0.5	0.25	0
$\underset{\sim}{B}(x)$	0	0.25	0.5	0.75	1

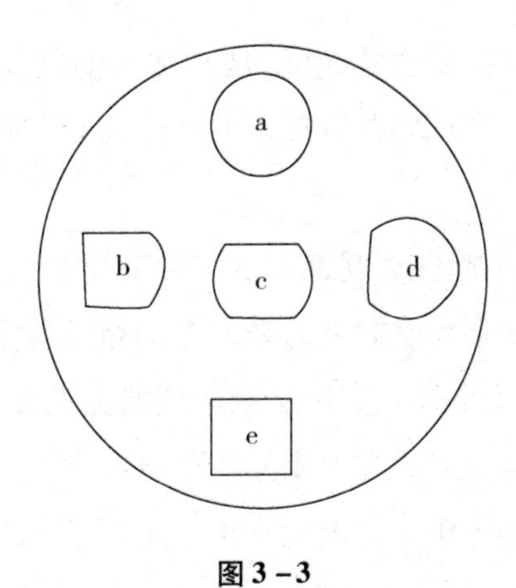

图 3-3

应用于实际问题时,可根据具体情况采取适当方法确定隶属函数。一种较为有效的方法是通过模糊统计试验来确定隶属函数。模糊统计概念,将在5.5节中介绍。

若模糊集合 $\underset{\sim}{A}$ 是由 $\underset{\sim}{A}_1, A_2, \cdots, \underset{\sim}{A}_n$ 经过有限次并、交、补运算而得到的,$\underset{\sim}{A}_i(x)$ 均为已知,则 $\underset{\sim}{A}(x)$ 可按模糊集合运算由 $\underset{\sim}{A}_i(x)$ 求得。

需要着重指出,隶属函数是否符合实际,主要不在于单个元素隶属度的数值如何,而在于是否正确地反映了元素从属于集合到不属于集合这一变化过程的整体特性。

关于隶属度的客观性和主观性问题,在理论和应用两方面都是重要的。隶属度是对事物模糊性的一种度量。模糊性的客观性决定了隶属度的客观内容。不同模糊事物对同一类别(集合)隶属度的差异,如身高1.7米和身高1.9米对于高个子男人类的隶属度的差异,是一种客观的差异。包括扎德在内的一些西方学者,有时宣称隶属度是由人先验地指定的,这是我们不能同意的。任何合理的隶属度都是经验地指定的,即依据人们经验中对事物特性的了解来指定。先验地指定隶属度的说法也不符合扎德本人的实际做法。例如,关于模糊集合Y(年轻)的隶属函数,扎德不能先验地指定 $\underset{\sim}{Y}(20)=0.5$,更不能令 $\underset{\sim}{Y}(20)=0$,而是根据一般人的经验令 $\underset{\sim}{Y}(20)=1$。把 $x\leqslant 25$ 岁看作完全属于年轻,25岁以后随年龄的增长属于年轻的程度连续递降,这与常人的经验是吻合的。即使令 $\underset{\sim}{Y}(30)=0.5$, $\underset{\sim}{Y}(35)=0.2$,也是常人的经验可以接受的,而非主观任意给定的。

当然,隶属度也不能纯客观地确定。所谓经验地指定,必然包含主观成分。隶属度是一种非数值的量的规定性,不能像物理量那样实地测定。要求像测量长度、高度那样找到确定隶属度的客观标准,是不现实的。实际给出的隶属度总有一定的主观成分。不同人对同一事物隶属度的指定常有差别。令 $\underset{\sim}{Y}(30)=0.4$ 也未尝不可。隶属度的这种不唯一性,是模糊性的一个特点。在一定范围内,隶属度允许且必须由人主观地指定。模糊性连通着能动性。隶属度中含包一定的主观成分,给发挥主观能动性提供了条件。确定隶属度既要讲科学性,又要讲艺术性。丰富的经验,科学的直觉,熟练的技巧,在此都有用武之地。

3.5　截集与截割

定义　论域 U 上的模糊集合 $\underset{\sim}{A}$ 的 λ - 截集,记作 A_λ,系指普通集合

$$A_\lambda = \{x \mid x \in U, \underset{\sim}{A}(x) \geqslant \lambda\}, \tag{3.53}$$

其中,λ 叫作置信水平,满足条件 $0 \leqslant \lambda \leqslant 1$。

换言之,论域 U 中对 $\underset{\sim}{A}$ 的隶属度不小于 λ 的一切元素组成的普通集合,叫作 $\underset{\sim}{A}$ 的 λ - 截集。λ 相当于门槛值,或录取分数线。

例 1　以今年全体参加高考者为论域 U,够大学入学水平者构成 U 上的一个模糊集合 $\underset{\sim}{A}$。考分经适当处理后可看作考生对 $\underset{\sim}{A}$ 的隶属度。录取分数线 λ 是置信水平,最后被录取者构成的集合就是 $\underset{\sim}{A}$ 的截集 A_λ。

例 2　设 $\underset{\sim}{A} = \frac{0.5}{1} + \frac{0.7}{2} + \frac{1}{3} + \frac{0.2}{4} + \frac{0.4}{5}$,则 $A_1 = \{3\}$, $A_{0.7} = \{2,3\}$, $A_{0.5} = \{1,2,3\}$, $A_{0.4} = \{1,2,3,5\}$, $A_{0.2} = \{1,2,3,4,5\}$。

由截集定义直接得出:

$$\mathrm{Ker}\underset{\sim}{A} = A_1, \tag{3.54}$$

$$U = A_0, \tag{3.55}$$

$$\mathrm{Sup}\underset{\sim}{A} = A_{0^+} = \{x \mid x \in U, \underset{\sim}{A}(x) > 0\}, \tag{3.56}$$

$$\mathrm{Peri}\underset{\sim}{A} = A_{0^+} - A_1 \tag{3.57}$$

$$\mathrm{Out}\underset{\sim}{A} = U - \mathrm{Sup}\underset{\sim}{A} = A_0 - A_{0^+} \tag{3.58}$$

模糊集合的核心可以是空集,$\mathrm{Ker}\underset{\sim}{A} = \phi$,即论域 U 上任一元素都不完

全属于 $\underset{\sim}{A}$。这样的集合称为非正则模糊集合。若 $\text{Ker}\underset{\sim}{B} \neq \phi$,称 $\underset{\sim}{B}$ 为正则模糊集合。

模糊集合 $\underset{\sim}{A}$ 的高度,记作 $h(\underset{\sim}{A})$,规定为遍及 U 上 $\mu_{\underset{\sim}{A}}(x)$ 的最小上界

$$h(\underset{\sim}{A}) = \operatorname{Sup}_{x} \mu_{\underset{\sim}{A}}(x)。 \tag{3.59}$$

$h(\underset{\sim}{A}) = 1$,$\underset{\sim}{A}$ 为正则的;$h(\underset{\sim}{A}) < 1$,$\underset{\sim}{A}$ 为非正则的。

截集具有以下性质:

$$(\underset{\sim}{A} \cup \underset{\sim}{B})_{\lambda} = A_{\lambda} \cup B_{\lambda} \tag{3.60}$$

$$(\underset{\sim}{A} \cap \underset{\sim}{B})_{\lambda} = A_{\lambda} \cap B_{\lambda} \tag{3.61}$$

$$\text{若 } \lambda_1 \geqslant \lambda_2,\text{则 } A_{\lambda_1} \subseteq B_{\lambda_2}。 \tag{3.62}$$

证明(3.61)留空间对于任一 $x \in \cup$,

$$\begin{aligned} x \in (\underset{\sim}{A} \cap \underset{\sim}{B})_{\lambda} &\Leftrightarrow (\underset{\sim}{A} \cap \underset{\sim}{B})(x) \geqslant \lambda \\ &\Leftrightarrow (\underset{\sim}{A}(x) \wedge \underset{\sim}{B}(x)) \geqslant \lambda \\ &\Leftrightarrow \underset{\sim}{A}(x) \geqslant \lambda \text{ 且 } \underset{\sim}{B}(x) \geqslant \lambda \\ &\Leftrightarrow x \in A_{\lambda} \text{ 且 } x \in B_{\lambda} \\ &\Leftrightarrow x \in (A_{\lambda} \cap B_{\lambda}) \end{aligned}$$

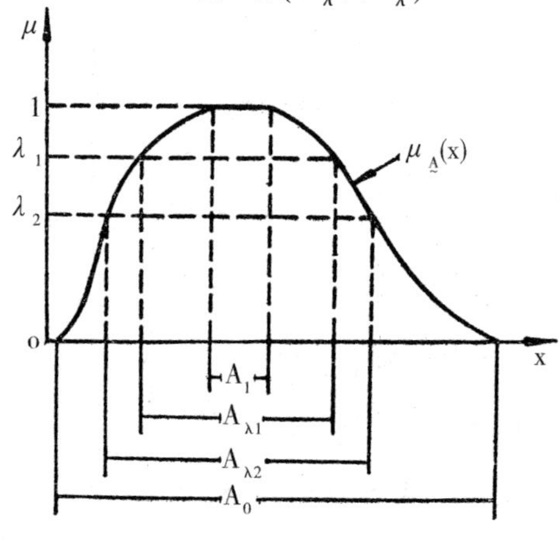

图 3-4

图3-4表明,一个模糊集合 $\underset{\sim}{A}$ 对应着一个普通集合串$\{\underset{\sim}{A}_{\lambda}\}$,因置信水平 λ 取值不同,$\underset{\sim}{A}_{\lambda}$ 将收缩或膨胀,直观地显示出模糊集合是一种具有游移边界的集合。

截集概念是对人脑在处理模糊性问题时常用的截割方法的数学刻画。为把复杂事物简化,人们习惯于对那些在对立或差异的两极之间居中联接的大量中介状态作人为的切分,分为若干等级或类别,实质就是对模糊集合取截集。如将产品分为正品与次品两类,将企业分为大、中、小三级,将风力分为十二级。过去,人们是凭经验定性地进行截割,不免带有较大的主观随意性。有了截集概念,行之有效的截割方法就从经验把握的领域进入理论描述的领域,定性的截割提高为以定量分析作依据的截割。模糊学的截割理论是:让模糊事物不加截割地进入数学模型,充分利用中介过渡的信息,通过隶属度的演算规则及模糊变换理论,最后在一个适当的阈值上进行截割,作出非模糊的判决。传统数学是推演前截割,模糊数学则是推演后截割;传统数学是确定地选择阈值,模糊数学方法则是浮动地选择阈值。[34]

截集概念在模糊集合与普通集合之间建立起联系,提供了从模糊集合向普通集合转化的桥梁。模糊学中许多概念的定义和命题的陈述都要用到截集概念。

3.6 分解定理

设A是普通集合,$\lambda \in [0,1]$,经过数量积运算,得到一个特殊的模糊集合 λA,其隶属函数为:

$$\mu_{\lambda A}(x)=\begin{cases}\lambda & x \in A \\ 0 & x \notin A\end{cases} \tag{3.63}$$

可以利用(3.63)来塑述模糊集合论的分解定理。

分解定理 设 $\underset{\sim}{A}$ 为论域 U 上的模糊集含，A_λ 是 $\underset{\sim}{A}$ 的截集，则有：

$$\underset{\sim}{A}=\bigcup_{\lambda\in[0,1]}\lambda A_\lambda \tag{3.64}$$

(3.63)也可表示为

$$\underset{\sim}{A}=\int_0^1\lambda A_\lambda \tag{3.65}$$

我们略去定理的证明，只用下例验证定理的正确性。

设：$\underset{\sim}{A}=\frac{0.1}{a}+\frac{0.3}{b}+\frac{0.7}{c}+\frac{1}{d}+\frac{0.2}{e}+\frac{0.6}{f}$，则

$$A_{0.1}=\{a,b,c,d,e,f\},$$

$$0.1A_{0.1}=\frac{0.1}{a}+\frac{0.1}{b}+\frac{0.1}{c}+\frac{0.1}{d}+\frac{0.1}{e}+\frac{0.1}{f},$$

$$A_{0.2}=\{b,c,d,e,f\},$$

$$0.2A_{0.2}=\frac{0.2}{b}+\frac{0.2}{c}+\frac{0.2}{d}+\frac{0.2}{e}+\frac{0.2}{f},$$

$$A_{0.3}=\{b,c,d,f\},$$

$$0.3A_{0.2}=\frac{0.3}{b}+\frac{0.3}{c}+\frac{0.3}{d}+\frac{0.3}{f},$$

$$A_{0.6}=\{c,d,f\},$$

$$0.6A_{0.6}=\frac{0.6}{c}+\frac{0.6}{d}+\frac{0.6}{f},$$

$$A_1=\{d\},\qquad 1A_1=\frac{1}{d}。$$

代入(3.63)，得：

$$\begin{aligned}\bigcup_{\lambda\in[0,1]}\lambda A_\lambda&=0.1A_{0.1}\cup 0.2A_{0.2}\cup 0.3A_{0.3}\cup 0.6A_{0.6}\cup 0.7A_{0.7}\cup 1A_1\\&=\frac{0.1}{a}+\frac{0.3}{b}+\frac{0.7}{c}+\frac{1}{d}+\frac{0.2}{e}+\frac{0.6}{f}\\&=\underset{\sim}{A}\end{aligned}$$

分解定理亦可从图 3-4 得到直观的说明，图中给出 μ_1A_1、$\mu\lambda_1A_{\lambda1}$、

$\mu\lambda_2 A_{\lambda 2}$、$\mu\lambda_0 A_{\lambda 0}$的图形。设想 λ 遍取区间[0,1]中的实数时,按模糊集合求并运算的法则,$(\cup\lambda A_\lambda)(x)$恰好取各 λ 点隶属函数的最大值,将这些点连成一条曲线,正是 $\underset{\sim}{A}$ 的隶属函数$\mu_{\underset{\sim}{A}}(x)$。

$\underset{\sim}{A}$ 是模糊集合,A_λ 是非模糊集合,它们之间的联系和转化,由分解定理用数学语言表达出来了。分解定理在模糊学中有重要的意义。这个定理也说明了模糊性的成因:大量的、甚至无限多的清晰事物错综杂乱地叠加在一起,总体上就形成了模糊事物。

3.7　扩张原理

设 f 是由论域 U 到论域 V 的映射,U 中每个点 x(元素)在 f 作用下在 V 中至少有一点 y 作为它的像,y = f(x)。设 $\underset{\sim}{A}=\int_U \frac{\mu_{\underset{\sim}{A}}(x)}{x}$是 U 上的模糊集合。直观地看,$\underset{\sim}{A}$ 在映射 f 下的像 $f(\underset{\sim}{A})$应是 V 上的模糊集合。现在要问:$f(\underset{\sim}{A})$的隶属函数与它的原像 $\underset{\sim}{A}$ 的隶属函数有什么关系?扎德用扩张原理来回答这个问题。它的中心思想是,作用于点的映射和运算也作用于模糊集合,隶属度的分布在映射 f 下保持不变。就是说,V 中元素 y = f(x)对模糊集合 $f(\underset{\sim}{A})$的隶属度,等于 y 在 U 中的原像 x 对 $f(\underset{\sim}{A})$的原像 $\underset{\sim}{A}$ 的隶属度。

$$\mu_{\underset{\sim}{A}}(x)=\mu_{f(\underset{\sim}{A})}(f(x)) \tag{3.66}$$

扩张原理Ⅰ　设 f 是从 U 到 V 的映射,$\underset{\sim}{A}=\int_U \mu_{\underset{\sim}{A}}(x)/x$ 是 U 上的模糊集合,则由 f 得到的 $\underset{\sim}{A}$ 的像 $f(\underset{\sim}{A})$是 V 上的模糊集合

$$f(\underset{\sim}{A})=\int_V \frac{\mu_{\underset{\sim}{A}}(x)}{f(x)} \tag{3.67}$$

例1 设 $U=\{0,1,2,3,4,5,6,7,8,9\}$，V是自然数集，从U到V的映射 $f:x\to 2x$。$\underset{\sim}{S}$ 是模糊集合“小的”，$\underset{\sim}{S}=\frac{1}{0}+\frac{1}{1}+\frac{0.7}{2}+\frac{0.5}{3}+\frac{0.2}{4}$。由(3.67)得：

$$\underset{\sim}{T}=f(\underset{\sim}{S})=\frac{1}{0}+\frac{1}{2}+\frac{0.7}{4}+\frac{0.5}{6}+\frac{0.2}{8}$$

扩张原理Ⅱ 设 $f(x,y)=x*y$ 是 $U\times V$ 到 W 的映射，$\underset{\sim}{A}=\int_U\frac{\underset{\sim}{A}(x)}{x}$ 和 $\underset{\sim}{B}=\int_V\frac{\underset{\sim}{B}(x)}{y}$ 分别是U、V上的模糊集合，则得W上的模糊集合：

$$\underset{\sim}{A}*\underset{\sim}{B}=\int_W\frac{\underset{\sim}{A}(X)\wedge\underset{\sim}{B}(y)}{x*y}\tag{3.68}$$

例2 设 $U=\{1,2,3,4,5,6,7,8,9,10\}$，$\underset{\sim}{2}\triangleq$“大约2”和 $\underset{\sim}{6}\triangleq$“大约6”是U上的模糊集合：

$$\underset{\sim}{2}=\frac{0.6}{1}+\frac{1}{2}+\frac{0.7}{3}$$

$$\underset{\sim}{6}=\frac{0.8}{5}+\frac{1}{6}+\frac{0.7}{7}$$

又设 $f(x,y)=x\times y$（算术相乘），则：

$$\begin{aligned}\underset{\sim}{2}\times\underset{\sim}{6}&=\left(\frac{0.6}{1}+\frac{1}{2}+\frac{0.7}{3}\right)\times\left(\frac{0.8}{5}+\frac{1}{6}+\frac{0.7}{7}\right)\\&=\frac{0.6\wedge0.8}{1\times5}+\frac{0.6\wedge1}{1\times6}+\frac{0.6\wedge0.7}{1\times7}+\frac{1\wedge0.8}{2\times5}+\frac{1\wedge1}{2\times6}+\frac{1\wedge0.7}{2\times7}\\&\quad+\frac{1\wedge0.8}{3\times5}+\frac{0.7\wedge1}{3\times6}+\frac{0.7\wedge0.7}{3\times7}\\&=\frac{0.6}{5}+\frac{0.6}{6}+\frac{0.6}{7}+\frac{0.8}{10}+\frac{1}{12}+\frac{0.7}{14}+\frac{0.7}{15}+\frac{0.7}{18}+\frac{0.7}{21}\\&=\underset{\sim}{12}(\triangleq\text{大约}12)\end{aligned}$$

扩张原理是一种人为的规定，具有公设的性质。它广泛应用于模糊数学、模糊逻辑等领域,是模糊集合论的一条重要原理。

3.8 凸模糊集合和多重模糊集合

定义 实数域 R 上的模糊集合 A 是凸的,如果它的所有截集都是区间。

图 3-5 和图 3-6 直观地显示了凸模糊集合和非凸模糊集合的区别。

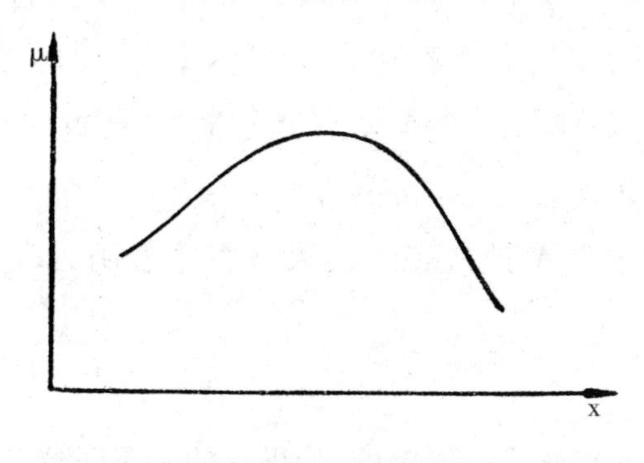

图 3-5 凸模糊集合

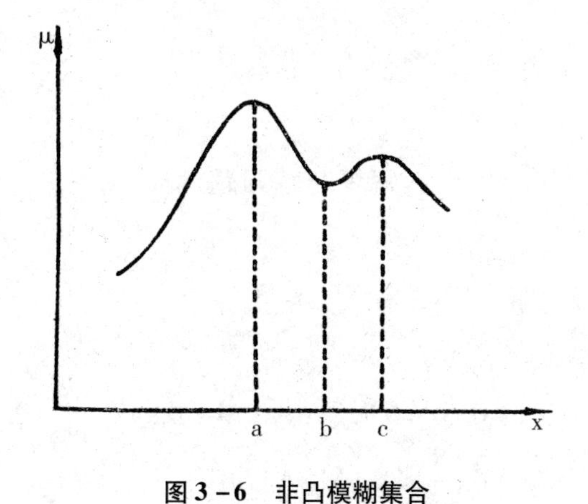

图 3-6 非凸模糊集合

凸模糊集合的两个性质：

性质1 设 $\underset{\sim}{A}$ 为凸模糊集合，则对于任何实数 $a<b<c$，都有：

$$\mu_{\underset{\sim}{A}}(b) \geqslant \min(\mu_{\underset{\sim}{A}}(a), \mu_{\underset{\sim}{A}}(c)) \tag{3.69}$$

从图3－5看，性质1是显然的。但在图3－6中，$\mu(b)<\mu(a)\wedge\mu(c)$。

性质2 凸模糊集合的交集还是凸模糊集合。

$\underset{\sim}{A}$ 和 $\underset{\sim}{B}$ 是凸的，$\underset{\sim}{A}^c$ 和 $\underset{\sim}{A}\cup\underset{\sim}{B}$ 不一定是凸的。

在日常思维中，判断事物属于一定类别的程度，并不确定具体的数值，而是用基本属于、大半属于、部分属于、多半不属于等语词来表述。这些语词也可以作为模糊集合来刻画（见第六章）。由此可以引出以模糊集合作为隶属度来刻画另一些模糊集合的概念。扎德的多重模糊集合概念就是这样提出来的。

定义 模糊集合 $\underset{\sim}{A}$ 是二重的，如果 $\underset{\sim}{A}$ 的隶属函数取[0,1]上的模糊集合为其值。

一般地有

定义 一个模糊集合是n重的，如果它的隶属函数以n－1重模糊集合为值。

描述多重模糊集合，需要使用扩张原理。

思考与练习题

1. 比较模糊集合与普通集合的异同。

2. 试举出模糊集合运算的若干现实原型。

3. 设 $\underset{\sim}{A}=0.7/a+0.5/b+0.2/c+1/d+0.8/e$，$\underset{\sim}{B}=0.4/a+0.6/b+0.5/d+0.7/e$，求 $\underset{\sim}{A}\cap\underset{\sim}{B}$，$\underset{\sim}{A}\cup\underset{\sim}{B}$，$\underset{\sim}{A}^c$，$\underset{\sim}{A}\cup\underset{\sim}{B}^c$。

4. 利用(3.10)和(3.11)，试写出模糊集合“不年轻”和“既不年轻也不年老”的隶属函数。

5. 设论域 $U=\{1,2,3,4,5,6,7,8,9,10\}$，试用模糊集合表示“大”和“比较大”。

6. 试证：

(1) $\underset{\sim}{A}\cap\underset{\sim}{B}=\underset{\sim}{B}\cap\underset{\sim}{A}$

(2) $(\underset{\sim}{A}\cap\underset{\sim}{B})\cap\underset{\sim}{C}=\underset{\sim}{A}\cap(\underset{\sim}{B}\cap\underset{\sim}{C})$

(3) $\underset{\sim}{A}\cup(\underset{\sim}{A}\cap\underset{\sim}{B})=\underset{\sim}{A}$

(4) $(\underset{\sim}{A}\cap\underset{\sim}{B})^c=\underset{\sim}{A}^c\cup\underset{\sim}{B}^c$

7. 设 $\underset{\sim}{A}$、$\underset{\sim}{B}$ 为正则模糊集合，$\underset{\sim}{D}$ 为非正则模糊集合，试判断下列模糊集合中哪些是正则的：$\underset{\sim}{A}\cup\underset{\sim}{B}$，$\underset{\sim}{A}\cap\underset{\sim}{B}$，$\underset{\sim}{A}\cup\underset{\sim}{D}$，$\underset{\sim}{A}\cap\underset{\sim}{D}$，$\underset{\sim}{A}^c$，$\underset{\sim}{D}^c$。

8. 试证 $(\underset{\sim}{A}^c)_\lambda\neq(A_\lambda)^c$

9. 设 $\underset{\sim}{3}=0.9/2+1/3+0.7/4$，$\underset{\sim}{5}=0.6/4+1/5+0.8/6$，计算 $\underset{\sim}{3}\times\underset{\sim}{5}$。

第四章 模糊集合论(二)

关系是集合论的另一个基本概念。模糊关系是经典关系(普通关系)概念的推广。本章主要讨论与模糊关系有关的概念。

4.1 直积、关系

给定集合 A 和 B,由全体有序对 $<a,b>$ $(a \in A, b \in B)$ 组成的集合,叫作 A 与 B 的直积(或称笛卡尔积),记作 $A \times B$,

$$A \times B = \{<a,b> \mid a \in A, b \in B\} \tag{4.1}$$

例 1 设 $A=\{0,1\}$,$B=\{a,b,c\}$,则 $A \times B = \{<0,a>, <0,b>, <0,c>, <1,a>, <1,b>, <1,c>\}$,$B \times A = \{<a,0>, <a,1>, <b,0>, <b,1>, <c,0>, <c,1>\}$。

直积概念可以推广到 n 个集合的情形。集合 $A_1, A_2, \cdots\cdots, A_n$ 的直积,记作 $A_1 \times A_2 \times \cdots \times A_n$,是一切有序 n 元组 $<a_1, a_2, \cdots, a_n>$ 的集合,其中 $a_i \in A_i, i=1,2,\cdots,n$,

$$A_1 \times A_2 \times \cdots \times A_n = \{<a_1, a_2, \cdots, a_n> \mid a_i \in A_i, \quad i=1,2,\cdots,n\}。\tag{4.2}$$

从集合 A 到 B 的关系,定义为 $A \times B$ 上的一个子集合 R,$R \subseteq A \times B$。

一个关系是一个有序对集合,一个有序对集合也是一个关系。这是一种二元关系。当 A = B 时,R 称为 A 上的关系。本书主要讨论二元关系。

例 2　设 $A=\{0,1,2,3,4\}$。R 是 A 上的整除关系,

$$\begin{aligned} R &= \{<x,y> \mid x,y\in A \text{ 且 } x \text{ 能整除 } y\} \\ &= \{<1,1>,<2,2>,<3,3>,<4,4>, \\ &\quad <1,2>,<1,3>,<1,4>,<2,4>, \\ &\quad <1,0>,<2,0>,<3,0>,<4,0>\} \end{aligned}$$

根据集合论的基本假定,任一对元素 a 和 b,要么具有关系 R,记作 aRb,要么不具有关系 R,记作 $a\not R b$,二者必居其一,且仅居其一。这种非此即彼式的规定,是对清晰事物之间的确定性关系的科学抽象。经典集合论只处理这一类关系。

特别重要的一类关系,是所谓等价关系。集合 A 上的关系 R 若具有以下三条性质:

(1)自返性　$aRa,\ \forall a\in A$;　(4.3)

(2)对称性　若 aRb,则 bRa;　(4.4)

(3)传递性　若 aRb 且 bRc,则 aRc;　(4.5)

则称 R 为 A 上的等价关系。

同龄关系、相等关系是等价关系,师生关系、整除关系不是等价关系。

具有性质 1 的关系,叫作自返关系。具有性质 2 的关系,叫作对称关系。具有性质 3 的关系,叫作传递关系。三者都是具有特殊意义的一类关系。

4.2　模糊关系

除了可以用普通集合描述的那种清晰确定的关系之外,客观事物之间还存在着大量不大清晰或不完全确定的关系。侦察员常依据罪犯留下

的脚印大小推测罪犯的身高,因为人的身高与脚长之间有某种近似的关系。语言学中的词义相近,数学中的“远大于”“充分接近”等,都是这类不清晰的关系。人的面貌相似也是这种关系。《红楼梦》说甄宝玉酷似贾宝玉,晴雯像林黛玉,贾环不像宝玉,说的就是面貌相似这种不清晰关系。这种事实上存在但又不那么清晰确定、不能用普通有序对集合描述的关系,称之为模糊关系,用 $\underset{\sim}{R}$、$\underset{\sim}{S}$ 等表示。

扎德给这种广泛存在的模糊关系(原型)提供了一种集合描述。根据模糊集合论的基本假定,每对元素从具有模糊关系 $\underset{\sim}{R}$ 到不具有关系 $\underset{\sim}{R}$ 是逐步过渡而非突然改变的。刻画一个模糊关系,不是简单地区分每对元素是否具有关系 $\underset{\sim}{R}$,而是确定每对元素具有 $\underset{\sim}{R}$ 的程度如何。若以《红楼梦》的全体人物为论域,给每对人物指定一个实数 $\mu(\mu \in [0,1])$ 表示这对人物面貌相似的程度,我们就能得到关于《红楼梦》中人物之间面貌相似这一模糊关系的一种数学刻画。一般地,有如下定义:

定义 所谓从集合 U 到集合 V 的模糊关系 R,系指直积 $U \times V$ 上的一个模糊集合 $\underset{\sim}{R}$,由隶属函数 $\mu_{\underset{\sim}{R}}$ 刻画,函数值 $\mu_{\underset{\sim}{R}}(x,y)$ 代表有序对 $<x,y>$ 具有关系 $\underset{\sim}{R}$ 的程度。

这是二元模糊关系的数学定义。多元模糊关系亦可类似地定义。

例 1 设 $U=\{x_1,x_2,x_3,x_4\}$,$V=\{y_1,y_2,y_3\}$,按下表给 $U \times V$ 上的每个有序对 $<x_i,y_i>$ 指定隶属度,

x \ μ \ y	y_1	y_2	y_3
x_1	0.7	0.5	0.3
x_2	0.2	0.9	0
x_3	0.4	0.6	0.8
x_4	0	0.4	0.3

便确定了一个从 U 到 V 的模糊关系 $\underset{\sim}{R}$。这个模糊关系的隶属函数是一个 4×3 阶的矩阵,简记作:

$$\underset{\sim}{R}=\begin{bmatrix}0.7 & 0.5 & 0.3\\ 0.2 & 0.9 & 0\\ 0.4 & 0.6 & 0.8\\ 0 & 0.4 & 0.3\end{bmatrix}$$

$\underset{\sim}{R}$ 叫作模糊关系矩阵,简称模糊矩阵。

例 2　设 U = V = {1,2,3,4},$\underset{\sim}{R}$ 是 U 上的模糊关系"小得多"。对于 U 中任二数 x 和 y(x 可以等于 y),经验地指定一个数 $\mu \in [0,1]$,代表 x 和 y 具有关系"x 比 y 小得多"的程度,得:

x \ μ \ y	1	2	3	4
1	0	0.1	0.6	1
2	0	0	0.1	0.6
3	0	0	0	0.1
4	0	0	0	0

相应的模糊矩阵为:

$$\underset{\sim}{R}=\begin{bmatrix}0 & 0.1 & 0.6 & 1\\ 0 & 0 & 0.1 & 0.6\\ 0 & 0 & 0 & 0.1\\ 0 & 0 & 0 & 0\end{bmatrix} \tag{4.6}$$

一般地,设 $U=\{x_1,x_2,\cdots,x_n\}$,$V=\{y_1,y_2,\cdots,y_m\}$。以 r_{ij} 代表元素 x_i 和 y_j 具有关系 $\underset{\sim}{R}$ 的程度,则 $\underset{\sim}{R}$ 的隶属函数可用一个 n×m 阶模糊矩阵表示:

$$\underset{\sim}{R} = \begin{bmatrix} r_{11} & r_{12} & \cdots\cdots & r_{1m} \\ r_{21} & r_{22} & \cdots\cdots & r_{2m} \\ \cdots & \cdots & \cdots & \cdots \\ r_{n1} & r_{n2} & \cdots\cdots & r_{nm} \end{bmatrix} \tag{4.7}$$

(4.7)有时简记作：

$$R = (r_{ij}), i = 1, 2, \cdots, n, j = 1, 2, \cdots, m。 \tag{4.8}$$

论域 $U = \{x_1, x_2, \cdots, x_n\}$ 上的模糊集合 $\underset{\sim}{A}$ 包含 U 中元素的关系，可以看作为从论域 $W = \{\underset{\sim}{A}\}$ 到 U 的模糊关系 $\underset{\sim}{R}$：

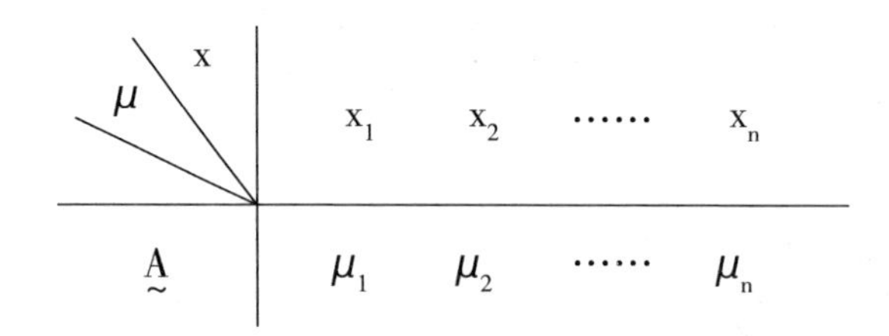

表中 μ_i 是 $\underset{\sim}{A}$ 包含 x_i 的程度，亦即 x_i 对 $\underset{\sim}{A}$ 的隶属度。这个模糊关系的隶属函数是一个 $1 \times n$ 阶模糊矩阵：

$$\underset{\sim}{R} = (\mu_1, \mu_2, \cdots\cdots, \mu_n) \tag{4.9}$$

(4.9)表明，包含 n 个元素的论域上的任一模糊集合，可用一个 $1 \times n$ 阶模糊矩阵表示。模糊集合的这种表示法，有时有许多便利之处。

如果令 $\underset{\sim}{R}^T$ 代表 U 中元素对 $\underset{\sim}{A}$ 的隶属关系，$\underset{\sim}{R}^T$ 也是一个模糊关系，用一个 $n \times 1$ 阶模糊矩阵表示：

$$\underset{\sim}{R}^T = \begin{bmatrix} \mu_1 \\ \mu_2 \\ \vdots \\ \mu_n \end{bmatrix} \tag{4.10}$$

作为无限论域上的模糊关系的例子，可以考虑实数域上“远大于”关

系 $\underset{\sim}{M}$ 和“接近相等”关系 $\underset{\sim}{E}$,分别定义为:

$$\mu_{\underset{\sim}{M}}(x,y)\begin{cases}0 & x\leqslant y \\ \left[1+\dfrac{100}{(x-y)^2}\right]^{-1} & x>y\end{cases} \tag{4.11}$$

和

$$\mu_{\underset{\sim}{E}}(x,y)=e^{-a(x-y)} \tag{4.12}$$

其中,a 为参数。

模糊关系是一类特殊的模糊集合,也可以取截集,叫作模糊关系的截关系。

定义 论域 $U\times V$ 上的模糊关系 $\underset{\sim}{R}$ 的 λ - 截关系,记作 R_λ,系指普通关系

$$R_\lambda=\{<x,y>|x\in U,y\in V,\mu_{\underset{\sim}{R}}(x,y)\geqslant\lambda\}, \tag{4.13}$$

其中,$0\leqslant\lambda\leqslant1$。

4.3 模糊矩阵

一个矩阵是模糊矩阵,当且仅当矩阵的所有元素 r_{ij} 都满足条件

$$0\leqslant r_{ij}\leqslant1,i=1,2,\cdots,n;j=1,2,\cdots,m。 \tag{4.14}$$

特别地,当 r_{ij} 只取 0 和 1 两种数值时,称为布尔矩阵。有限论域上的模糊关系都可以用模糊矩阵表示,每个模糊矩阵都代表一定的模糊关系。布尔矩阵是模糊矩阵的特殊情形,代表普通关系。

设 $\underset{\sim}{A}$ 和 $\underset{\sim}{B}$ 均为 $n\times m$ 阶模糊矩阵,讨论模糊矩阵的相等关系,包含关系以及求并、交、补等运算。

(1) **相等** 两个模糊矩阵相等,当且仅当它们的对应元素两两相等。即:

$$\underset{\sim}{A} = \underset{\sim}{B} \Leftrightarrow a_{ij} = b_{ij} \quad \begin{matrix} i=1,2,\cdots,n \\ j=1,2,\cdots,m \end{matrix} \tag{4.15}$$

(2)**包含** 模糊矩阵 $\underset{\sim}{A}$ 包含于 $\underset{\sim}{B}$ 中,当且仅当 $\underset{\sim}{A}$ 的每个元素小于或等于 $\underset{\sim}{B}$ 的对应元素。即:

$$\underset{\sim}{A} \subseteq \underset{\sim}{B} \Leftrightarrow a_{ij} \leqslant b_{ij} \quad \begin{matrix} i=1,2,\cdots,n \\ j=1,2,\cdots,m \end{matrix} \tag{4.16}$$

包含有返身性:

$$\underset{\sim}{A} \subseteq \underset{\sim}{A} \tag{4.17}$$

(3)**并** 模糊矩阵 $\underset{\sim}{A}$ 和 $\underset{\sim}{B}$ 的并仍是模糊矩阵,记作 $\underset{\sim}{A} \cup \underset{\sim}{B}$。令 $\underset{\sim}{A} \cup \underset{\sim}{B} = (c_{ij})$,则:

$$c_{ij} = a_{ij} \vee b_{ij} \quad \begin{matrix} i=1,2,\cdots,n \\ j=1,2,\cdots,m \end{matrix} \tag{4.18}$$

(4)**交** 模糊矩阵 $\underset{\sim}{A}$ 和 $\underset{\sim}{B}$ 的交仍是模糊矩阵,记作 $\underset{\sim}{A} \cap \underset{\sim}{B}$。令 $\underset{\sim}{A} \cap \underset{\sim}{B} = (d_{ij})$,则:

$$d_{ij} = a_{ij} \wedge b_{ij} \quad \begin{matrix} i=1,2,\cdots,n \\ j=1,2,\cdots,m \end{matrix} \tag{4.19}$$

(5)**补** 模糊矩阵 $\underset{\sim}{A}$ 的补仍是模糊矩阵,记作 $\underset{\sim}{A}^c$。令 $\underset{\sim}{A}^c = (\bar{a}_{ij})$,则:

$$\bar{a}_{ij} = 1 - a_{ij} \quad \begin{matrix} i=1,2,\cdots,n \\ j=1,2,\cdots,m \end{matrix} \tag{4.20}$$

设:

$$\underset{\sim}{A} = \begin{pmatrix} 0.7 & 0.5 \\ 0.3 & 0.6 \end{pmatrix}, \quad \underset{\sim}{B} = \begin{pmatrix} 0.4 & 0.2 \\ 0.1 & 0.8 \end{pmatrix},$$

则:

$$\underset{\sim}{A}^c = \begin{pmatrix} 0.3 & 0.5 \\ 0.7 & 0.4 \end{pmatrix}, \quad \underset{\sim}{A} \cup \underset{\sim}{B} = \begin{pmatrix} 0.7 & 0.5 \\ 0.3 & 0.8 \end{pmatrix},$$

$$\underset{\sim}{A} \cap \underset{\sim}{B} = \begin{pmatrix} 0.4 & 0.2 \\ 0.1 & 0.6 \end{pmatrix}。$$

容易证明:

$$若\ \underset{\sim}{R} \subseteq \underset{\sim}{S},则\ \underset{\sim}{R}^c \supseteq \underset{\sim}{S}^c \tag{4.21}$$

(6)**转置**　$n \times m$ 阶模糊矩阵 $\underset{\sim}{A} = (a_{ij})$ 的转置矩阵,记作 $\underset{\sim}{A}^T = (a'_{ij})$,其中:

$$a'_{ji} = a_{ij} \quad i = 1,2,\cdots,n, \quad j = 1,2,\cdots,m \tag{4.22}$$

转置矩阵 $\underset{\sim}{A}^T$ 代表模糊关系 $\underset{\sim}{A}$ 的逆关系 $\underset{\sim}{A}^T$。转置是一种矩阵变换,复原律成立:

$$(\underset{\sim}{A}^T)^T = \underset{\sim}{A} \tag{4.23}$$

(7)**对称模糊矩阵**　若模糊矩阵 $\underset{\sim}{A}$ 与它的转置矩阵 $\underset{\sim}{A}^T$ 相等,即:

$$\underset{\sim}{A} = \underset{\sim}{A}^T \tag{4.24}$$

则称 $\underset{\sim}{A}$ 为对称模糊矩阵。(4.24)也可以表示如下:

$$a_{ij} = a_{ji}, \quad \begin{matrix} i = 1,2,\cdots,n \\ j = 1,2,\cdots,m \end{matrix} \tag{4.25}$$

对称模糊矩阵代表对称模糊关系,非对称模糊矩阵代表非对称模糊关系。朋友、同一、差异、对立均为对称关系,远大于、或多或少小于及因果关系均为非对称关系。

在无限论域的情形下,模糊关系不能用矩阵来描述。但实际应用时,总要把论域离散化,有限化,因而模糊矩阵的应用范围还是很广泛的。

相应于截关系,模糊矩阵也有截矩阵。

4.4　模糊关系的复合

由两个或两个以上的关系形成一个新的关系,叫作关系的复合。由关系“a 是 b 的母亲”和“b 是 c 的父亲”，可得出关系“a 是 c 的祖母”，这就是一种关系复合。关系复合是关系之间的一种运算。模糊关系也可以进行复合。已知甲和乙年龄相仿，乙比丙大得多，则有复合关系“甲大约比丙大得多”。人脑思维中经常进行这类模糊关系的复合运算。

定义　设 $\underset{\sim}{R}$ 是 $U \times V$ 上的模糊关系，$\underset{\sim}{S}$ 是 $V \times W$ 上的模糊关系，则 $\underset{\sim}{R}$ 和 $\underset{\sim}{S}$ 的复合是 $U \times W$ 上的模糊关系 $\underset{\sim}{T}$，记作：

$$\underset{\sim}{T} = \underset{\sim}{R} \circ \underset{\sim}{S} \tag{4.26}$$

隶属函数为：

$$\begin{aligned} \underset{\sim}{T}(x,z) &= (\underset{\sim}{R} \circ \underset{\sim}{S})(x,z) \\ &= \sup_{y \in V} \min(\underset{\sim}{R}(x,y), \underset{\sim}{S}(y,z)) \\ &= \bigvee_{y \in V} (\underset{\sim}{R}(x,y) \wedge \underset{\sim}{S}(y,z)) \end{aligned} \tag{4.27}$$

其中，x、y、z 分别是论域 U、V、W 中的元素，$\sup\limits_{y \in V}$表示对所有的 $y \in V$ 取最小上界。

在不同情形下，模糊关系的复合运算有不同的定义。这里介绍的是扎德定义的极大—极小运算。

当论域为有限集时，模糊关系的合成运算(4.27)可转化为模糊矩阵的乘法运算。模糊矩阵的乘法类似于普通矩阵的乘法，不同的是把算术乘“·”换为取极小值“∧”，把算术加“+”换为取极大值“∨”。设 $\underset{\sim}{R}$ 为 $n \times m$ 阶矩阵，$\underset{\sim}{S}$ 为 $m \times p$ 阶矩阵，则 $\underset{\sim}{R} \circ \underset{\sim}{S} = \underset{\sim}{T}$ 是 $n \times p$ 阶矩阵，而 $\underset{\sim}{T}$ 的元素 t_{ij}是按下式计算的：

$$t_{ij} = \bigvee_{k=1}^{m} (r_{ik} \wedge s_{kj}), \quad \begin{cases} i = 1,2,\cdots,n \\ j = 1,2,\cdots,m, \end{cases} \tag{4.28}$$

并非任何两个矩阵都可以相乘。和普通矩阵一样，当第一个矩阵的列数等于第二个矩阵的行数时，乘法才有意义。就关系复合而言，当前一模糊关系的关系后域与后一模糊关系的关系前域为同一论域时，两个关系的复合才能得出有意义的结果。

例　设:

$$\underset{\sim}{R} = \begin{bmatrix} 1 & 0.5 & 0 & 0.2 \\ 0.3 & 0.7 & 0.1 & 0 \\ 0.7 & 1 & 0 & 0.1 \end{bmatrix}$$

$$\underset{\sim}{S} = \begin{bmatrix} 0.5 & 0.6 & 0.1 \\ 0 & 0.4 & 0.2 \\ 1 & 0.3 & 0.7 \end{bmatrix}$$

显然,$\underset{\sim}{R} \circ \underset{\sim}{S}$ 没有意义。但 $\underset{\sim}{S} \circ \underset{\sim}{R}$ 有意义:

$$\underset{\sim}{S} \circ \underset{\sim}{R} = \begin{bmatrix} 0.5 & 0.6 & 0.1 & 0.2 \\ 0.3 & 0.4 & 0.1 & 0.1 \\ 1 & 0.7 & 0.1 & 0.2 \end{bmatrix}$$

和普通矩阵一样,模糊矩阵乘法不满足交换律,但满足结合律:

$$\underset{\sim}{R}_1 \circ (\underset{\sim}{R}_2 \circ \underset{\sim}{R}_2) = (\underset{\sim}{R}_1 \circ \underset{\sim}{R}_2) \circ \underset{\sim}{R}_3 \tag{4.29}$$

由于结合律成立,$\underbrace{\underset{\sim}{R} \circ \underset{\sim}{R} \circ \cdots \circ \underset{\sim}{R}}_{n个}$ 有意义。故规定:

$$\underbrace{\underset{\sim}{R} \circ \underset{\sim}{R} \circ \cdots \circ \underset{\sim}{R}}_{n个} = \underset{\sim}{R}^n \tag{4.30}$$

特别地,$n = 2$ 时,

$$\underset{\sim}{R} \circ \underset{\sim}{R} = \underset{\sim}{R}^2 \tag{4.31}$$

矩阵乘法显然满足性质

$$\underset{\sim}{R}^n \circ \underset{\sim}{R}^m = \underset{\sim}{R}^{n+m} \tag{4.32}$$

若 $\underset{\sim}{Q} \subseteq \underset{\sim}{R}$,$\underset{\sim}{Q} \circ \underset{\sim}{S}$ 和 $\underset{\sim}{R} \circ \underset{\sim}{S}$ 有意义,则:

$$\underset{\sim}{Q} \circ \underset{\sim}{S} \subseteq \underset{\sim}{R} \circ \underset{\sim}{S} \tag{4.33}$$

4.5 模糊等价关系

定义 若论域 U 上的模糊关系 $\underset{\sim}{R}$ 满足条件:

(1)自返性 $\mu_{\underset{\sim}{R}}(x,x)=1,\forall x\in U$; (4.34)

(2)对称性 $\mu_{\underset{\sim}{R}}(x,y)=\mu_{\underset{\sim}{R}}(y,x),\forall x,y\in U$; (4.35)

则称 $\underset{\sim}{R}$ 为 U 上的模糊相似关系。

自返性的含义是,U 中任一元素 x 与自身百分之百地相似。对称性的含义是,对于 U 中任意两个元素 x 和 y,x 与 y 的相似程度等于 y 与 x 的相似程度。

若 $U=\{x_1,x_2,\cdots,x_n\}$,模糊关系 $\underset{\sim}{R}$ 的矩阵表示为 $\underset{\sim}{R}=(r_{ij})$,则(4.34)和(4.35)取如下形式:

自返性 $r_{ii}=1 \qquad i=1,2,\cdots,n$ (4.36)

对称性 $r_{ij}=r_{ji} \qquad i,j=1,2,\cdots,n$ (4.37)

满足(4.36)和(4.37)的模糊矩阵叫作模糊相似矩阵。相似矩阵必是对称矩阵,且主对角线元素均为 1。

例 1 设:

$$\underset{\sim}{R}=\begin{pmatrix}1 & 0.71 & 0.42\\ 0.71 & 1 & 0.65\\ 0.42 & 0.65 & 1\end{pmatrix}$$

$$\underset{\sim}{S}=\begin{pmatrix}1 & 0.3 & 0.5\\ 0.3 & 1 & 0.6\\ 0.5 & 0.4 & 1\end{pmatrix}$$

显然,$\underset{\sim}{R}$ 是相似矩阵,$\underset{\sim}{S}$ 不是相似矩阵。

定义　设模糊相似关系 $\underset{\sim}{R}$ 满足,

(3)传递性　　$\underset{\sim}{R} \circ \underset{\sim}{R} \subseteq \underset{\sim}{R}$,　　(4.38)

则称 $\underset{\sim}{R}$ 为模糊等价关系。

模糊等价关系就是具有自返性、对称性和传递性的模糊关系。在有限论域上,模糊等价关系用模糊等价矩阵来表示。

例 2　设:

$$\underset{\sim}{S} = \begin{pmatrix} 1 & 0.42 & 0.58 & 0.36 & 0.41 \\ 0.42 & 1 & 0.42 & 0.36 & 0.41 \\ 0.58 & 0.42 & 1 & 0.36 & 0.41 \\ 0.36 & 0.36 & 0.36 & 1 & 0.36 \\ 0.41 & 0.41 & 0.41 & 0.36 & 1 \end{pmatrix}$$

不难验证,$\underset{\sim}{S}$ 是模糊等价矩阵。

模糊等价关系有一个重要性质:

定理 1　模糊关系 $\underset{\sim}{R}$ 是等价的,当且仅当它的任一 λ-截关系 R_λ 都是普通等价关系。

给定一个模糊相似关系,可以得到一个模糊等价关系。其根据是以下定理:

定理 2　设 R 是有限论域上的模糊相似关系,由 n 阶相似矩阵 $\underset{\sim}{R} = (r_{ij})$ 描述,则必定存在一个自然数 $k \leqslant n$,使得 $\underset{\sim}{R}^k$ 是 U 上的模糊等价关系。

取例 1 中的相似关系 $\underset{\sim}{R}$,容易验证 $\underset{\sim}{R}^2$ 是一个模糊等价关系。

利用模糊等价关系对事物进行分类,叫作模糊聚类分析。设 $\underset{\sim}{R}$ 是 U 上的模糊等价关系。对于一定的 $\lambda \in [0,1]$,由定理 1 可知,$\underset{\sim}{R}$ 的 λ-截集 R_λ 是 U 上的普通等价关系。用经典集合论的方法,可按 R_λ 对 U 中元素进行分类。

例 3　设论域 U 由 A、B、C、D、E 五个图形组成,$\underset{\sim}{R}$ 是 U 上的模糊等

价关系：

$$\underset{\sim}{R}=\begin{bmatrix}1 & 0.65 & 0.91 & 0.48 & 0.57\\ 0.65 & 1 & 0.65 & 0.48 & 0.57\\ 0.91 & 0.65 & 1 & 0.48 & 0.57\\ 0.48 & 0.48 & 0.48 & 1 & 0.48\\ 0.57 & 0.57 & 0.57 & 0.48 & 1\end{bmatrix}$$

利用 R_λ，可对上述五个图形进行聚类。

当 $0.91<\lambda\leqslant1$ 时，

$$R_\lambda=\begin{bmatrix}1 & 0 & 0 & 0 & 0\\ 0 & 1 & 0 & 0 & 0\\ 0 & 0 & 1 & 0 & 0\\ 0 & 0 & 0 & 1 & 0\\ 0 & 0 & 0 & 0 & 1\end{bmatrix}$$

A、B、C、D、E 互不等价，U 应分为五类：{A}，{B}，{C}，{D}，{E}。

当 $0.65<\lambda\leqslant0.91$ 时，

$$R_\lambda=\begin{bmatrix}1 & 0 & 1 & 0 & 0\\ 0 & 1 & 0 & 0 & 0\\ 1 & 0 & 1 & 0 & 0\\ 0 & 0 & 0 & 1 & 0\\ 0 & 0 & 0 & 0 & 1\end{bmatrix}$$

A 和 C 等价，应归入一类。U 上元素共分四类：{A，C}，{B}，{D}，{E}。

分类因置信水平 λ 不同而不同。当 $0.57<\lambda\leqslant0.65$ 时，应分为三类：{A，B，C}，{D}，{E}。当 $0.48<\lambda\leqslant0.57$ 时，应分为两类：{A，B，C，E}，{D}。当 $\lambda\leqslant0.48$ 时，五个图形彼此都等价，应归入同一类。

在实际问题中，直接得到的通常是模糊相似关系而不是等价关系。仅有相似关系，还不能对事物进行分类。可先按定理 2 将相似关系改造为等价关系，得到一个与已知相似关系最接近的模糊等价关系，再作聚类。

把数学方法应用于分类问题,产生了所谓数量分类学。它包括各种不同的方法,模糊聚类分析是一种新的数量分类法。生物学、医学、气象学及人文社会科学考察的对象,性态多变,复杂异常,分类前很难确定明确的分类标准,模糊聚类分析是比较适用的。实际上,人脑在处理复杂模糊事物时并不按精确的分类方法进行,而是作模糊的聚类。上述模糊聚类分析方法是对人脑模糊聚类的一种数学模写。

4.6　模糊关系方程

模糊关系的复合运算,可作如下形式的描述。已知模糊关系 $\underset{\sim}{A}$ 和 $\underset{\sim}{B}$,求模糊关系 $\underset{\sim}{X}$,使得

$$\underset{\sim}{X}=\underset{\sim}{A}\circ\underset{\sim}{B} \tag{4.39}$$

这个命题的逆问题是,已知模糊关系 $\underset{\sim}{A}$ 和 $\underset{\sim}{B}$,求模糊关系 $\underset{\sim}{X}$,使得

$$\underset{\sim}{X}\circ\underset{\sim}{A}=\underset{\sim}{B} \tag{4.40}$$

或者求模糊关系 $\underset{\sim}{Y}$,使得

$$\underset{\sim}{A}\circ\underset{\sim}{Y}=\underset{\sim}{B} \tag{4.41}$$

(4.40)和(4.41)被称为模糊关系方程,求 $\underset{\sim}{X}$ 和 $\underset{\sim}{Y}$ 叫作解模糊关系方程。

设 $\underset{\sim}{A}$ 是模糊因果关系"如果……,则……",$\underset{\sim}{B}$ 代表结果。解模糊关系方程就是由结果寻找原因。这是对人脑由结果追溯原因这类思维活动(塑因推理)的数学描述,有助于了解人类认识活动的机制。模糊关系方程的研究,在模糊推理、模糊控制、医疗诊断等方面,已有应用。

解模糊关系方程,需要较多的数学知识,且不属于集合论的内容,这里不再作更多的介绍了。

4.7 可能性理论

扎德1978年提出的可能性理论[55]，被誉为模糊学发展中的又一个里程碑。这一理论与模糊集合论有密切关系，在模糊学中有多方面的应用。可能性理论应当作为模糊学的一个独立的内容，用专门的一章来介绍。限于篇幅，只在本节作一简单介绍。

扎德讨论的可能性，不是指一个事件发生或不发生的可能性（概率性的可能性），而是指一种行为、一个程序、一种方案等等实现的可能性，或可行性。一辆小汽车载运n个乘客的可能性，一个人一餐吃m个鸡蛋的可能性，一位旅客携带p公斤行李的可能性，等等，都在他的考察范围内。它们不是要么完全可行（可能性程度为1），要么完全不可行（可能度为0），而是在各种不同程度上可行（可能度在0到1之间取值）。可能性是一种不确定性，但又不同于随机性，而是一种模糊性。可能度不同于概率。一个健康的男子一顿午餐吃一两米饭的可能度是1，而概率是0。令U_n代表吃n两米饭的可能度，P_n代表吃n两米饭的概率，由下表可以看出二者的区别和联系：

n	1	2	3	4	5	6	7	8	9	10
U_n	1	1	1	1	1	0.7	0.4	0.1	0	0
P_n	0	0	0.1	0.8	0.1	0	0	0	0	0

表中的概率并非统计试验的结果，但基本趋势是合理的。由表中数值可以看出，可能度大的事件概率未必大，概率小的事件可能度未必也小。但不可能事件的概率必为0。

可能性问题往往与判别命题的真实性问题联系着。“王云是轻的”，

"今天天气很好","在草堆里找一根针几乎不可能",在这些命题中,可能性程度的中间值存在而又含混不清。在命题"王云是年轻的"中,当王云的年龄不同时,命题的可能度也不同,形成可能度在论域上的一定分布。

可能性分布是可能性理论中最重要的概念。扎德把它定义为在变量的给定值上有伸缩性的模糊约束。设变量 x 为年龄,在 u = [0,100] 上取值。U 上的模糊集合 $\underset{\sim}{Y}$、$\underset{\sim}{O}$ 等都代表对于 x 在 U 中取值的某种限制或约束。这种限制不是完全确定、非此即彼的,而是一种有伸缩性的约束,叫作模糊约束。例如,$\underset{\sim}{Y}$(年轻)对 x = 28 的约束为 $\underset{\sim}{Y}(28) = 0.7$,其意义是 x 取 28 岁为值时,命题"x 是年轻的"成立的可能度为 0.7。或者讲,模糊集合 $\underset{\sim}{Y}$ 对于把 28 赋值于 x 所加的约束为 0.7,用符号表示,

$$x = 28 : 0.7。$$

同理,

$$x = 30 : 0.5,$$

$$x = 25 : 1,$$

等等。一般地,设变量 x 在论域 U 上取值,$\underset{\sim}{A}$ 是 U 上的模糊集合,刻画一定的模糊性质。若 $\underset{\sim}{A}$ 在可能赋予 x 的值上作有伸缩的约束,记为

$$x = u : \mu_{\underset{\sim}{A}}(u), \tag{4.42}$$

则称 $\underset{\sim}{A}$ 是与 x 相关的模糊约束。隶属度 $\mu_{\underset{\sim}{A}}(u)$ 表示当 x 取 u 为值时与 $\underset{\sim}{A}$ 所代表的模糊约束的相容性程度,也就是当赋值 x 以 u 时,命题"x 是 $\underset{\sim}{A}$"成立的可能度。

上述定义将可能性理论和模糊集合论联系起来了。元素 u 对 $\underset{\sim}{A}$ 的隶属度 $\mu_{\underset{\sim}{A}}(x)$,代表命题"x 是 $\underset{\sim}{A}$"成立的可能度,隶属函数 $\mu_{\underset{\sim}{A}}$ 代表论域上的一个可能性分布函数。令 Π_x 记与 x 相关的可能性分布函数。命题"x 是 $\underset{\sim}{A}$"把可能性分布函数 Π_x 与 x 联系在一起。Π_x 在数值上等于模糊集合 $\underset{\sim}{A}$ 的隶属函数,即:

$$\Pi_x = \mu_{\underset{\sim}{A}}(x) \quad (4.43)$$

用扎德的一个例子来说明上述概念。设 U 为全体正整数集合，$\underset{\sim}{A}$ 为小的正整数集合，定义为：

$$\underset{\sim}{A} = \frac{1}{1} + \frac{1}{2} + \frac{0.8}{3} + \frac{0.6}{4} + \frac{0.4}{5} + \frac{0.2}{6} \quad (4.44)$$

命题"x 是一个小正整数"把可能性分布与 x 联系起来：

$$\Pi_x = \frac{1}{1} + \frac{1}{2} + \frac{0.8}{3} + \frac{0.6}{4} + \frac{0.4}{5} + \frac{0.2}{6}。 \quad (4.45)$$

其中的一项，如$\frac{0.4}{5}$，表示"x 是 5"给出 x 是小正整数的可能度为 0.4。

思考与练习

1. 不作数学刻画，举出模糊关系的若干实例。

2. 儿童作"石头、剪刀、布"游戏，是从策略集 U = {石头，剪刀，布} 到赢得函数值集合 V = {赢，和，输} 的模糊关系，试写出它的模糊矩阵。

3. 设

$$\underset{\sim}{A} = \begin{pmatrix} 0.3 & 0.7 & 0.6 \\ 0.5 & 0.1 & 0.8 \end{pmatrix}, \quad \underset{\sim}{B} = \begin{pmatrix} 0.5 & 0 & 0.4 \\ 0.6 & 0.8 & 0.1 \end{pmatrix}$$

求 $\underset{\sim}{A} \cup \underset{\sim}{B}$，$\underset{\sim}{A} \cap \underset{\sim}{B}$，$\underset{\sim}{A}^C$，$\underset{\sim}{B}^T$。

4. 计算：

(1) $(0.5 \quad 0.6) \circ \begin{pmatrix} 0.7 \\ 0.3 \end{pmatrix}$

(2) $\begin{pmatrix} 0.5 & 0.7 \\ 0.3 & 0.1 \\ 0.6 & 0.4 \end{pmatrix} \circ \begin{pmatrix} 0.6 & 0.3 \\ 0.8 & 0.5 \end{pmatrix}$

$$(3)\begin{pmatrix} 0 & 0.4 & 0.7 & 0.8 \\ 0.5 & 0.1 & 1 & 0.6 \\ 0.1 & 1 & 0.3 & 0.5 \\ 0.7 & 0.6 & 0 & 0.7 \end{pmatrix} \circ \begin{pmatrix} 0.4 & 0.6 & 0.6 \\ 1 & 0.7 & 0.8 \\ 0.8 & 0.5 & 0 \\ 0 & 0.3 & 0.7 \end{pmatrix}$$

5. 试证明:

(1)模糊矩阵的补运算满足复原律$(\underset{\sim}{A}^C)^C = \underset{\sim}{A}$。

(2)二阶模糊相似矩阵必是等价矩阵。

6. 试证明:$(\underset{\sim}{R}^T)_\lambda = (R_\lambda)^T$。

7. 试判断下列模糊矩阵是否为相似的或等价的:

$$\underset{\sim}{R} = \begin{pmatrix} 1 & 0.4 & 0.5 \\ 0.3 & 1 & 0.4 \\ 0.5 & 0.4 & 1 \end{pmatrix}$$

$$\underset{\sim}{S} = \begin{pmatrix} 1 & 0.3 & 0.6 & 0.4 \\ 0.3 & 1 & 0.2 & 0.5 \\ 0.6 & 0.3 & 1 & 0.9 \end{pmatrix}$$

$$\underset{\sim}{T} = \begin{pmatrix} 1 & 0.54 & 0.54 & 0.54 \\ 0.54 & 1 & 0.63 & 0.56 \\ 0.54 & 0.63 & 1 & 0.56 \\ 0.54 & 0.56 & 0.56 & 1 \end{pmatrix}$$

$$\underset{\sim}{Q} = \begin{pmatrix} 1 & 0.8 & 0.8 & 0.2 & 0.8 \\ 0.8 & 1 & 0.85 & 0.2 & 0.85 \\ 0.8 & 0.85 & 1 & 0.2 & 0.9 \\ 0.2 & 0.2 & 0.2 & 1 & 0.2 \\ 0.8 & 0.85 & 0.9 & 0.2 & 1 \end{pmatrix}$$

8. 设$U=\{a,b,c,d,e\}$,上题中的$\underset{\sim}{Q}$是U上的一个模糊等价关系。试按$\underset{\sim}{Q}$对U的元素进行聚类。

第五章　模糊数学

与国内模糊界流行的用法不同，本章在较为狭窄的意义上使用"模糊数学"这一术语，把模糊数学视为模糊学的一部分。本章也不打算对这种狭义的模糊数学作系统的叙述，而着重于对一些众所周知的基本数学概念按模糊学精神加以推广的结果作简要的介绍。这些概念的一部分在本书后面的讨论中将会用到。更为重要的是，通过介绍这些最基本的概念，帮助攻读哲学社会科学的读者了解模糊学在数学领域广泛应用的可能性，管窥模糊数学的方法论特点，加深对模糊学的理解。进而从数学学的角度，讨论扎德关于发展模糊数学的若干理论观点。

5.1　模糊数

传统数学用集合定义（构造）数，每个数都是一个特定的普通集合。推广到模糊数学，很自然地要用糊模集合来定义数，把数的概念模糊化，引出模糊数的概念。实际上，人们在懂得模糊数概念之前，早就在使用这一概念。"大约 5"，"近似于 9.8 的数"，都是一种用模糊集合刻画的数，论域是普通数系。测量一个精确的数量，每次得到的是一个近似数，形成一个集合，再用取平均值、四舍五入等方法处理，得到一个确定的数。四舍五入实质就是模糊集合取一定置信水平的截集。有了模糊集合论，对这种经验性做法加以理论的刻画，可以给各种模糊数建立精确的定义。目前研究较多的是模糊整数。本节主要介绍模糊正整数的一种较简单的定义。

我们把模糊正整数 $\underset{\sim}{K}$ 定义为自然数集合{0,1,2,…}上的模糊集合，一般形式为：

$$\underset{\sim}{K} = \sum_{n=0}^{\infty} \frac{\mu_k(n)}{n} \tag{5.1}$$

n 为自然数。(5.1)中，只有有限项的隶属度 $\mu \neq 0$。符号 Σ 不表示算术相加，系指模糊单元集的汇集。

模糊正整数可以定义四则运算。定义方法不只一种，这里介绍其中之一，基本根据是扩张原理。

定义　模糊正整数 $\underset{\sim}{k}$、$\underset{\sim}{I}$ 的和是模糊正整数 $\underset{\sim}{m}$：

$$m = \sum_{z=0}^{\infty} \frac{\mu_{\underset{\sim}{m}}(z)}{z} \tag{5.2}$$

其中：

$$\underset{\sim}{m}(z) = \bigvee_{z=x+y} (\mu_{\underset{\sim}{k}}(x) \wedge \mu_{\underset{\sim}{I}}(y)) \tag{5.3}$$

x、y、z 为普通自然数，z = x + y 是普通加法。

将(5.2)和(5.3)合并，得：

$$\underset{\sim}{m} = \underset{\sim}{k} + \underset{\sim}{I} = \sum_{x+y=0}^{\infty} \bigvee \frac{\mu_{\underset{\sim}{k}}(x) \wedge \mu_{\underset{\sim}{I}}(y)}{x+y} \tag{5.4}$$

若把模糊正整数 $\underset{\sim}{1}$ 定义为：

$$\underset{\sim}{1} = \frac{0.5}{0} + \frac{1}{1} + \frac{0.5}{2} \tag{5.5}$$

则有：

$$\underset{\sim}{2} = \underset{\sim}{1} + \underset{\sim}{1}$$

$$=\left(\frac{0.5}{0}+\frac{1}{1}+\frac{0.5}{2}\right)+\left(\frac{0.5}{0}+\frac{1}{1}+\frac{0.5}{2}\right)$$

$$=\frac{0.5\wedge 0.5}{0}+\frac{(0.5\wedge 1)\vee(1\wedge 0.5)}{1}$$

$$+\frac{(0.5\wedge 0.5)\vee(1\wedge 1)\vee(0.5\wedge 0.5)}{2}$$

$$+\frac{(1\wedge 0.5)\vee(0.5\wedge 1)}{3}+\frac{0.5\wedge 0.5}{4}$$

$$=\frac{0.5}{0}+\frac{0.5}{1}+\frac{1}{2}+\frac{0.5}{3}+\frac{0.5}{4} \quad (5.6)$$

其余模糊正整数可以类推。

模糊正整数的减法、乘法和除法的定义类似。第 3.7 节例 2 就是一种乘法运算。

上面定义的加法运算满足：

(1)交换律 $\underset{\sim}{k}+\underset{\sim}{l}=\underset{\sim}{l}+k$ (5.7)

(2)结合律 $(\underset{\sim}{k}+\underset{\sim}{l})+\underset{\sim}{m}=\underset{\sim}{k}+(\underset{\sim}{l}+\underset{\sim}{m})$ (5.8)

普通正整数 1，可以看作特殊定义的模糊正整数 $\underset{\sim}{1}$，

$$1=\frac{1}{1} \quad (5.9)$$

一般地，对于任意正整数 n，有：

$$n=\frac{1}{n} \quad (5.10)$$

目前，模糊数学已经提出多种类型的模糊整数，如几何模糊整数、高斯模糊整数、指数模糊整数等，本书不作一一介绍了。

模糊实数可以定义为普通实数域 $R=(-\infty,\infty)$ 上的一个具有正态型隶属函数的模糊集合。例如：

$$\underset{\sim}{3}=\int_{3-6}^{3+6}\frac{e-(x-3)^2}{x} \quad (5.11)$$

其中 x 为普通实数，字母 6 为参数。

模糊数可一般地定义为：

定义　设 $\underset{\sim}{I}$ 是实数域 $\underset{\sim}{R}$ 上的模糊集合，h 为 $\underset{\sim}{I}$ 的高，若对于任一 $\lambda\in(0,h)$，截集 I_λ 均为闭区间，则称 $\underset{\sim}{I}$ 为一模糊数。

显然，(5.11)符合上述定义。

恩格斯指出："数是我们所知道的最纯粹的量的规定性。但是它却充满了质的差异。"①传统数学定义了各种不同质的数。模糊数揭示出数概念中新的质的差异，表现出现实世界数量关系的丰富性和多样性，开辟了发展数系理论的新途径。模糊数在模糊学本身和其他领域都有应用。

5.2　模糊向量

第四章指出，模糊集合可以看作一种特殊的模糊关系，集合对论域中元素的模糊包含关系。当论域为 n 个元素的有限集合时，模糊包含关系用 $1\times n$ 阶模糊矩阵

$$\underset{\sim}{A}=(\mu_1,\mu_2,\cdots\cdots,\mu_n) \tag{5.12}$$

来描述，μ_i 是论域中元素 x_i 对 $\underset{\sim}{A}$ 的隶属度，或 $\underset{\sim}{A}$ 包含该元素 x_i 的程度。在经典数学中，一个 $1\times n$ 阶矩阵是一个 n 维行向量。推广到模糊数学中，有限论域上的模糊集合可以表示为一个 n 维行向量(5.12)。本书后面常用模糊向量表示模糊集合。

一般地，若向量 $a=(a_1,a_2,\cdots,a_n)$ 满足条件

$$0\leqslant a_i\leqslant 1,i=1,2,\cdots,n \tag{5.13}$$

并且满足模糊集合的基本运算，则称 a 为 n 维模糊行向量。模糊向量也加模糊记号 ~，上述向量记作 $\underset{\sim}{a}$。

---

① 恩格斯：《自然辩证法》，《马克思恩格斯全集》第20卷，第602页。

若 $\underset{\sim}{a}$ 为n维行向量，转置得n维模糊列向量：

$$\underset{\sim}{a}^{T}=\begin{bmatrix} a_1 \\ a_2 \\ \vdots \\ a_n \end{bmatrix} \tag{5.14}$$

模糊向量也定义了内积和外积。设给定模糊向量 $\underset{\sim}{a}=(a_1,a_2,\cdots,a_n)$，$\underset{\sim}{b}=(b_1,b_2,\cdots,b_n)$，它们的内积记作 $\underset{\sim}{a}\cdot\underset{\sim}{b}$，外积记作 $\underset{\sim}{a}\otimes\underset{\sim}{b}$，分别定义为：

$$\underset{\sim}{a}\cdot\underset{\sim}{b}=\bigvee_{i=1}^{n}(a_i\wedge b_i) \tag{5.15}$$

$$\underset{\sim}{a}\otimes\underset{\sim}{b}=\bigwedge_{i=1}^{n}(a_i\vee b_i) \tag{5.16}$$

例1 设 $\underset{\sim}{a}=(0.3,0.7,0.6)$，$b=(1,0.5,0.8)$，则：

$$\underset{\sim}{a}\cdot b=\vee(0.3\wedge1,0.7\wedge0.5,0.6\wedge0.8)$$
$$=0.6$$

$$\underset{\sim}{a}\otimes\underset{\sim}{b}=\wedge(0.3\vee1,0.7\vee0.5,0.6\vee0.8)$$
$$=0.7$$

以 $\underset{\sim}{a}^{T}$、$\underset{\sim}{b}^{T}$ 分别代表 $\underset{\sim}{a}$ 和 $\underset{\sim}{b}$ 的转置，“○”为矩阵乘法符号，显然有：

$$\underset{\sim}{a}\cdot\underset{\sim}{b}=\underset{\sim}{a}\circ b^{T}=\underset{\sim}{b}\circ\underset{\sim}{a}^{T} \tag{5.17}$$

内积和外积具有下列性质：

(1) $a\cdot\underset{\sim}{b}=\underset{\sim}{b}\cdot\underset{\sim}{a}$ (5.18)

$\underset{\sim}{a}\otimes\underset{\sim}{b}=\underset{\sim}{b}\otimes\underset{\sim}{a}$ (5.19)

(2) $0\leqslant\underset{\sim}{a}\cdot\underset{\sim}{b}\leqslant1$ (5.20)

$0\leqslant\underset{\sim}{a}\otimes\underset{\sim}{b}\leqslant1$ (5.21)

(3) $\underset{\sim}{a}\cdot\underset{\sim}{b}+\underset{\sim}{a}^{c}\otimes\underset{\sim}{b}^{c}=1$ (5.22)

$\underset{\sim}{a}\otimes\underset{\sim}{b}+\underset{\sim}{a}^{c}\cdot\underset{\sim}{b}^{c}=1$ (5.23)

证明(5.21)

设　$\underset{\sim}{a}\cdot\underset{\sim}{b}=\underset{\sim}{a}_k\wedge b_k$,不失一般性,再设 $a_k\leqslant b_k$,则 $\forall_i$ 有

$$\underset{\sim}{a}_k=a_k\wedge b_k\geqslant a_i\wedge b_i$$

$$1-a_k\leqslant(1-a_i\vee 1-b_i)$$

即　$(1-a_k\vee 1-b_k)\leqslant(1-a_i\vee 1-b_i)$,

$$\underset{\sim}{a}^c\otimes\underset{\sim}{b}^c=1-a_k\vee 1-b_k$$

$$\begin{aligned}\therefore\quad \underset{\sim}{a}\cdot\underset{\sim}{b}+\underset{\sim}{a}^c\otimes\underset{\sim}{b}^c&=(a_k\wedge b_k)+(1-a_k\vee 1-b_k)\\&=a_k+(1-a_k)\\&=1\end{aligned}$$

(4) $\underset{\sim}{a}\cdot\underset{\sim}{a}=\max\limits_i a_i=h(\underset{\sim}{a})$　(5.24)

$\underset{\sim}{a}\otimes\underset{\sim}{a}=\min\limits_i a_i$　(5.25)

特别地,当 $\underset{\sim}{a}$ 为正则模糊数,则:

$\underset{\sim}{a}\cdot\underset{\sim}{a}=1$　(5.26)

(5) $\underset{\sim}{a}\cdot\underset{\sim}{a}^c\leqslant\dfrac{1}{2}$　(5.27)

$\underset{\sim}{a}\otimes\underset{\sim}{a}^c\geqslant\dfrac{1}{2}$　(5.28)

(6)若 $\underset{\sim}{a}\subseteq\underset{\sim}{b}(\forall_i\ a_i\leqslant b_i)$,则:

$$\underset{\sim}{a}\cdot\underset{\sim}{c}\leqslant\underset{\sim}{b}\cdot\underset{\sim}{c}\tag{5.29}$$

$$\underset{\sim}{a}\otimes\underset{\sim}{c}\geqslant\underset{\sim}{b}\otimes\underset{\sim}{c}\tag{5.30}$$

证明(5.29)

设　$\underset{\sim}{a}\cdot\underset{\sim}{c}=a_k\wedge c_k=\max\limits_i(a_i\wedge c_i)$

$\because\quad\forall_i\quad a_i\leqslant b_i$

$\therefore\quad a_k\wedge c_k\wedge b_k\wedge c_k\leqslant\max\limits_i(b_i\wedge c_i)$

即　$\underset{\sim}{a}\cdot\underset{\sim}{c}\leqslant\underset{\sim}{b}\cdot\underset{\sim}{c}$

(7)若　Sup $\underset{\sim}{a}\subseteq$ Out $\underset{\sim}{b}$,则　$\underset{\sim}{a}\cdot\underset{\sim}{b}=0$　(5.31)

(5.15)把外积定义为内积(5.14)的对偶运算,运算结果,模糊向量的外积不再是向量,而是一个数。这同普通向量的外积是不同的。

汪培庄利用模糊向量的内外积,定义了模糊集合的贴近度概念。[36]

定义 论域U上的模糊集合 $\underset{\sim}{A}$ 和 $\underset{\sim}{B}$ 的贴近度,记作$(\underset{\sim}{A},\underset{\sim}{B})$,是由下式确定的一个数:

$$(\underset{\sim}{A},\underset{\sim}{B})=\frac{1}{2}[\underset{\sim}{A}\cdot\underset{\sim}{B}+(1-\underset{\sim}{A}\otimes\underset{\sim}{B})]。\qquad(5.32)$$

例2 设 $\underset{\sim}{A}=(0.5,0.7,0.2)$,

$\underset{\sim}{B}=0.3,0.8,0.4)$,

则:

$$(\underset{\sim}{A},\underset{\sim}{B})=\frac{1}{2}[0.7+(1-0.4)]=0.65$$

贴近度有以下性质:

$$(1)0\leqslant(\underset{\sim}{A},\underset{\sim}{B})\leqslant 1\qquad(5.33)$$

$$(2)\underset{\sim}{A}\subseteq\underset{\sim}{B}\subseteq\underset{\sim}{C}\Rightarrow(\underset{\sim}{A},\underset{\sim}{C})\leqslant(\underset{\sim}{A},\underset{\sim}{B})\qquad(5.34)$$

贴近度有不同的定义方法,适用于不同的问题。(5.31)是最先提出来的一种。贴近度概念对于比较不同模糊集合有重要意义。

5.3 模糊函数及其微分

现代数学用集合间的映射定义函数。从集合U到集合V的函数f是一个映射,记作:

$$f:U\longrightarrow V\qquad(5.35)$$

推广到模糊数学,模糊函数也是某种类型的集合映射。

令J(U)和J(V)分别代表论域U和V上的所有模糊集合组成的普通集合,则把从J(U)到J(V)的映射:

$$f: J(u) \longrightarrow J(v) \tag{5.36}$$

称作从 U 到 V 的模糊函数。当 U = V 时,称 f 为 U 上的模糊函数。

这样定义的模糊函数,是模糊集合之间的对应关系。自变元取 U 上的模糊集合为“值”,因变元取 V 上的模糊集合为“值”。设 $\underset{\sim}{x} \in J(U)$, $f(\underset{\sim}{x}) \in J(V)$,模糊函数可表示为:

$$f: \underset{\sim}{x} \longrightarrow f(\underset{\sim}{x}) \tag{5.37}$$

我们已经多次碰到过这样定义的模糊函数。求论域 U 上模糊集合 $\underset{\sim}{A}$ 的补集合的运算,是 U 上的一个模糊函数。

$$f: \underset{\sim}{A} \longrightarrow \underset{\sim}{A}^{C}。 \tag{5.38}$$

第 3.2 节中定义的幂乘运算(3.50),代表 U 上的一类模糊函数:

$$f_{\alpha}: \underset{\sim}{A} \longrightarrow \underset{\sim}{A}^{\alpha} \tag{5.39}$$

特别地,

$$f_{\frac{1}{4}}: \underset{\sim}{A} \longrightarrow \underset{\sim}{A}^{\frac{1}{4}} \tag{5.40}$$

$$f_{\frac{1}{2}}: \underset{\sim}{A} \longrightarrow \underset{\sim}{A}^{\frac{1}{2}} \tag{5.41}$$

$$f_{2}: \underset{\sim}{A} \longrightarrow \underset{\sim}{A}^{2} \tag{5.42}$$

$$f_{4}: \underset{\sim}{A} \longrightarrow \underset{\sim}{A}^{4} \tag{5.43}$$

都是有重要意义的模糊函数。

定义 设 f 是从 U 到 V 的模糊函数,g 是从 V 到 W 的模糊函数,则称从 U 到 W 的映射

$$f \circ g: \underset{\sim}{x} \longrightarrow g(f(\underset{\sim}{x})) \tag{5.44}$$

为 f 和 g 的复合模糊函数,其中

$$\underset{\sim}{x} \in J(U), g(f(\underset{\sim}{x})) \in J(w)。$$

有人给出模糊积分的定义。由于要用到更深的数学概念,我们这里不作介绍。

下面介绍模糊函数的另一种定义。

定义 设变量 $x_1, x_2, \cdots, x_n$ 均在[0,1]内取值,f 把每个 n 元数组 $X = (x_1, x_2, \cdots, x_n)$ 映射到[0,1]内一个确定的数,则称映射

$$f: [0,1]^n \longrightarrow [0,1] \tag{5.45}$$

为一个模糊 n 元函数,简记作:

$$f(X) = f(x_1, x_2, \cdots, x_n) \tag{5.46}$$

当 f 由逻辑运算构成时,称为模糊逻辑函数。例如:

一元模糊逻辑函数

$$f(X) = x \vee \bar{x} (\bar{x} = 1 - x) \tag{5.47}$$

二元模糊逻辑函数

$$f(x_1, x_2) = x_1 \wedge \bar{x}_1 \vee x_2 \tag{5-48}$$

三元模糊逻辑函数

$$f(x_1, x_2, x_3) = x_1 \vee x_2 \wedge \bar{x}_2 \wedge x_2 。 \tag{5.49}$$

按(5.45)定义的模糊函数,在[0,1]区间上是连续的。对于这种模糊函数,可按实变函数微分法定义它的导数和微分。

模糊函数 f(x) 的导数,记作$\frac{df}{dx}$或 f′,定义为:

$$f'(x) = \lim_{\triangle \to 0} \frac{\triangle f}{\triangle x} = \lim_{\triangle x \to 0} \frac{f(x + \triangle x) - f(x)}{\triangle x} \tag{5.50}$$

微分记作 df,定义为:

$$df = f'(x) \triangle x = f'(x) dx \tag{5.51}$$

模糊函数 $f(X) = f(x_1, x_2, \cdots, x_n)$ 关于自变量 x_i 的偏导数,记作$\frac{\partial f}{\partial x}$,定义为:

$$\frac{\partial f}{\partial x_i} = \lim_{\triangle x_i \to 0} \frac{f(x_1 \cdots, x_i + \triangle x_i, \cdots, x_n) - f(x_1, \cdots, x_i, \cdots, x_n)}{\triangle x_i} \tag{5.52}$$

可以按不同的方法定义模糊函数的导数和微分,这里介绍的只是一种方案。我们并不打算对不同定义方法的长处和短处作出评价,我们的目的是向读者提供一个了解如何将精确数学概念模糊化的容易理解的

实例。

5.4　模糊概率

概率论处理的随机事件,尽管事件的发生与否是不确定的,但事件本身有明确定义,发生与不发生的界限是明确的。满足这一假定条件的随机事件,它的概率是确定的数值,可以通过统计试验或其他方法求得。但是,人们在实际生活中碰到的各种随机事件中,有些并不满足上述假定,用概率论方法不能给出恰当的处理。基本的情况有两种。

第一,事件本身是模糊的,出现与不出现之间没有明确的分界线。例如,“明天天气很好”,“下一场球赛获得大胜”,“射击几次就击中目标”,这些事件本身没有明确定义,事件是否出现没有精确的判别准则。这类事件既有随机性,又有模糊性,故称之为模糊随机事件。这类事件发生的可能性大小显然不能用概率论方法确定。

第二,事件本身有确切定义,发生与不发生的界限明确,但事件发生的概率难于用精确的数值表示。像“下午的球赛,甲队打赢的可能性多大?”事件本身(打赢或打输)是明确的,但用精确的概率 $p \in [0,1]$ 度量这种可能性并无多少客观依据,不如用“可能性很小”或“可能性较大”之类模糊说法表述更合理。用这类模糊语词表示事件出现的可能性程度,扎德称之为语言概率,是人脑思维中经常使用的方法。事件是模糊的,概率也是模糊的,更难用概率论方法处理。

在经典概率论的基本假定下,随机事件可以定义为样本空间上的普通集合,用[0,1]区间的数值精确表示事件发生的可能性程度。这个假定限制了概率论的应用范围。引入模糊事件的概念,可以克服这个限制。模糊集合论提供了这种推广的可能性。在模糊数学中,模糊随机事件被定义为样本空间上的模糊集合,制定了计算模糊随机事件的方法。用语言概率刻画那些难于精确确定数值概率的非模糊事件，给语言概率以数学定义。这样，就把概率方法推广到上述几种情形下。下面，只介绍模糊随机事件的概率定义。为简单记，设样本空间为有限集$\Omega=\{x_1,x_2,\cdots,x_n\}$，$x_i$ 均为清晰随机事件。

定义 若样本空间Ω中的模糊集合 $\underset{\sim}{A}=\underset{\sim}{A}(x)$是一个随机变量，则称 $\underset{\sim}{A}$ 是一个模糊事件，其概率为：

$$P(\underset{\sim}{A})=\sum_{i=1}^{n}\underset{\sim}{A}(x_i)P_i \tag{5.53}$$

其中，p_i 是清晰事件 x_i 发生的概率。

例 向目标进行射击，直到打中为止。设各次射击是相互独立的，每次击中目标的概率为 P。$\underset{\sim}{A}$ 表示模糊事件“射击几次就击中目标”，求$p(\underset{\sim}{A})$。

取击中目标所需射击次数作为论域

$$\Omega=\{1,2,3,4,\cdots\cdots\}$$

设模糊事件 $\underset{\sim}{A}$ 的集合表示为：

$$\underset{\sim}{A}=\frac{1}{1}+\frac{0.8}{2}+\frac{0.6}{3}+\frac{0.4}{4}$$

则由(5.53)

$$\begin{aligned}P(\underset{\sim}{A})&=\sum_{i=1}^{n}\underset{\sim}{A}(x_i)P_i\\&=\sum_{i=1}^{n}\underset{\sim}{A}(x_i)(1-p)^{i-1}p\\&=p+0.8(1-p)p+0.6(1-p)^2p+0.4(1-p)^3p\end{aligned}$$

只要模糊事件的集合表示已经给定，它的概率是不难计算的。

与经典概率论类似，模糊事件的概率也满足

(1)$p(\underset{\sim}{A}^C)=1-p(\underset{\sim}{A})$， (5.54)

(2)若 $\underset{\sim}{A}\subseteq\underset{\sim}{B}$，则 $p(\underset{\sim}{A})\leqslant p(\underset{\sim}{B})$， (5.55)

$$(3)p(\underset{\sim}{A}\cup\underset{\sim}{B})=p(\underset{\sim}{A})+p(\underset{\sim}{B})-p(\underset{\sim}{A}\cap\underset{\sim}{B})。\tag{5.56}$$

第二类模糊概率问题需用语言方法来刻画。取事件出现的可能性为语言变量,它的语言值就是“完全不可能”,“基本不可能”,“颇不可能”,“不大可能”,“或多或少可能”,“可能”,“非常可能”,“几乎完全可能”,等等。这些语言值就是刻画事件出现的可能性的语言概率。利用语言变量概念和语言方法(见下章),可以对语言概率作适当的定量表述。

5.5 模糊统计

传统数学用概率统计方法刻画随机事件出现的频率稳定性。推广到模糊性领域,得到刻画模糊事物隶属频率稳定性的模糊统计方法。我国模糊数学界较早研究了模糊统计概念。[59] 对于“青年人”“中年人”等模糊概念,他们分别在武汉建材学院、武汉大学、西安工业学院进行了 $n=129$, $n=106$, $n=93$ 人选的模糊统计试验。以“青年人”Y 为例,他们让每个被试者独立地给“青年人”确定一个年龄范围,即在年龄论域上确定一个普通集合 Y^* 作为概念 $\underset{\sim}{Y}$ 的外延。一个被试者给出的结果,就是一次试验的结果。对于任一年龄 u,有的 Y^* 包含 u,有的 Y^* 不包含 u。统计 Y^* 包含(覆盖)u 的次数 n(u),计算包含(覆盖)频率 $\mu(u)$:

$$\mu(u)=\frac{u\text{被覆盖的次数}}{\text{受试者总人数}}=\frac{n(u)}{n}\tag{5.57}$$

Y^* 包含 u 的频率 μ,就是 u 对模糊集合 $\underset{\sim}{Y}$ 的隶属度的近似值。当 n 越来越大时,有

$$\mu_{\underset{\sim}{r}}(u)=\lim_{n\to\infty}\frac{Y^*\text{包含 }u\text{ 的次数}}{n}\tag{5.58}$$

依据他们三次统计试验给出的隶属函数 $\underset{\sim}{Y}(u)$ 分别图示如下:

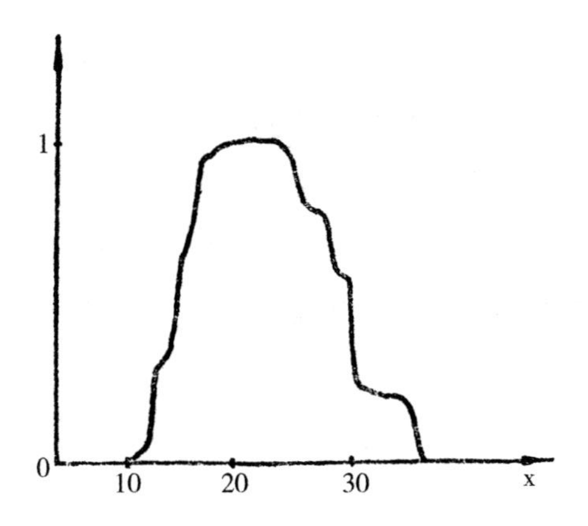

图 5-1　n=129 的 $\mu_{\underset{\sim}{Y}}(u)$

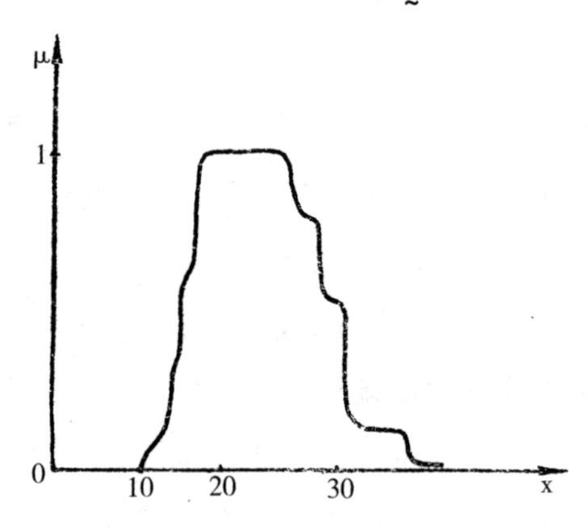

图 5-2　n=106 的 $\mu_{\underset{\sim}{Y}}(u)$

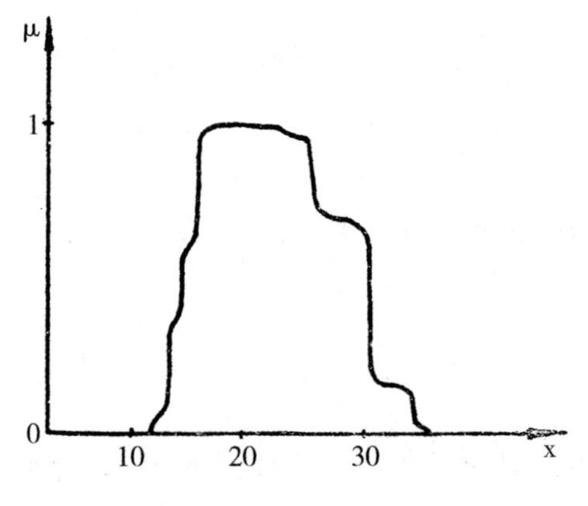

图 5-3　n=93 的 $\mu_{\underset{\sim}{Y}}(u)$

三次试验的结果十分接近,显示了隶属度的客观性。隶属频率的稳定性,表征模糊事件的隶属规律的客观性。

一般地说,模糊统计试验有四个要素:论域 U,U 中固定的元素 u_0,U 上的模糊集合 $\underset{\sim}{A}$,U 上的一个用来近似代表 $\underset{\sim}{A}$ 的普通集合 A^*。单个试验结果是不确定的,A^* 可能包含 u_0,也可能不包含 u_0。但当试验总次数相当大时,试验的不同结果中 A^* 包含 u_0 的比例是稳定的。作 n 次试验,计算频率(5.57),即获得 $\mu_{\underset{\sim}{A}}(u_0)$ 的近似值。随着 n 逐步增大,统计结果将逐渐趋近于 $\mu_{\underset{\sim}{A}}(u_0)$。

以上是最简单的二相模糊统计试验的基本方法。关于多相模糊统计,目前也提出了一定的方法。

模糊统计试验是以人为对象进行试验,对人如何理解模糊概念作统计研究。人的认识内容的客观性,是模糊统计试验的认识论依据。仍以二相统计为例:在差异的两个方面(两极)$\underset{\sim}{A}$ 和 $\underset{\sim}{\bar{A}}$ 之间,论域上存在大量中介过渡的对象 u,$\underset{\sim}{A}$ 与 $\underset{\sim}{\bar{A}}$ 的界限是模糊的。按 $\underset{\sim}{A}$ 或 $\underset{\sim}{\bar{A}}$ 的性态对中介分类,不同人有不同的划分,得到不同的 A^* 和 $\underset{\sim}{\bar{A}}^*$。不同人对同一对象 u 的不同归类,既反映 u 对 $\underset{\sim}{A}$ 或 $\underset{\sim}{\bar{A}}$ 的隶属关系的客观模糊性,也表现了被试者对 $\underset{\sim}{A}$ 和 $\underset{\sim}{\bar{A}}$ 主观理解上的模糊性。但是,只要试验次数(被试者人数)相当多,并且没有故意歪曲,用统计的观点看,客观的模糊性即可充分显现出来。中介 u 越接近 $\underset{\sim}{A}$,把 u 划归 $\underset{\sim}{A}$ 类的人数越多;u 越接近于 $\underset{\sim}{\bar{A}}$,把 u 划归 $\underset{\sim}{A}$ 类的人数越少。把 u 划归 $\underset{\sim}{A}$ 类的人数在被试总人数中的比例,是表征 u 与 $\underset{\sim}{A}$ 接近程度的一种尺度。当被试者人数足够多时,关于 u 的类属的意见越集中,表明 u 的类属的模糊性越小;意见越分散,表明 u 的类属的模糊性越大。极而言之,若 u 具有典型的亦此亦彼性,与 $\underset{\sim}{A}$

或 $\underset{\sim}{\bar{A}}$ 的接近程度一样,则被试者把 u 归入 $\underset{\sim}{A}$ 类或归入 $\underset{\sim}{\bar{A}}$ 类客观上是等可能的,统计结果 $\mu=\frac{1}{2}$。模糊统计犹如一种滤波装置,单个被试者赋予对象 u 的类属的主观模糊性(波动性),经过对大量试验结果的统计平均而被过滤掉,隶属频率的稳定性,亦即对象本身固有的模糊性就显现出来了。被试者人数越大,“滤波”效果越好。

5.6　模糊数学的精确理论

从前五节的内容不难看到,模糊集合论提供了一个能够概括多种多样数学概念的理论框架,开辟了一条拓广数学基础的有效途径。在传统数学那些以集合论为基础的分支中,用模糊集合取代普通集合,重新定义该分支的基本概念,很自然地获得一系列新数学概念。原来的许多数学命题,可以用这些模糊概念作新的表述,形成一种新的理论系统。沿着这一方向的工作,称为数学分支的模糊化。现代数学的各分支几乎都建立在集合论之上,因而几乎都可以模糊化。这是一条成果丰硕的数学发展途径。除了上面提到的分支外,模糊群论、模糊图论、模糊拓扑、模糊测度论、模糊向量空间以及模糊规划、模糊决策、模糊聚类分析等应用数学分支,都有可观的研究成果。

在这种模糊化旗帜下,指导数学发展的思想理论、逻辑基础跟传统数学并无原则的区别。模糊集合概念是用标准的数学语言严格定义的,一切建立在模糊集合之上的模糊数学概念,如模糊数、模糊函数、模糊群等,也都是用抽象的数学语言严格定义的,同传统数学的对应概念相比,定义的精确性毫不逊色。定理的塑述和证明,同样是严格的、合乎逻辑的。在这个方向上发展着的模糊数学,本质上仍然是传统数学的一个组成部分,一个新开拓的领域。当然,模糊数学并非某个与原有众多数学分支并立的新分支,而是使大多数原有数学分支都出现了模糊化方向的新数学分支群,一种横贯的数学学科。

跟传统数学一样,在模糊化方向上发展着的数学,直接的目的仍然是提出有严格定义的概念,获得可以严格逻辑证明的定理。有关现实世界数量关系模糊性的信息,仅仅在确定模糊事物的集合表示、即确定模糊集合的隶属函数时得到反映,因而较传统数学能更好地刻画模糊性。一旦有了刻画对象的模糊集合,进入数学的研究范围,在概念的定义、定理的塑述以及定理的证明等数学思维环节中,就不再允许有任何模糊性了。从数学学的角度看,这可以称为模糊数学的精确理论。由于传统数学的长期发展,关于数学发展的指导思想、方法和逻辑基础,形成了系统的理论。模糊数学研究者无需锻造新的思想武器,只需从传统数学中借用现成的武器,就足以开展自己的研究工作了。

不妨把数学分支的模糊化称为精确的模糊数学。在这个方向上,模糊学的精神只能得到部分的体现。

5.7　模糊数学的模糊理论

扎德最先看出模糊数学的精确理论的不彻底性,提出一条与传统数学的根本精神完全不同的拓广数学基础的理论,叫作模糊数学的模糊理论。按照这种理论,模糊学的精神体现在数学思维的各个环节,模糊性被引入概念的定义、定理的塑述和证明中,指导数学发展的理论思想和逻辑基础与传统数学完全不同了。

(1)用模糊语言刻画数学概念——模糊定义。例如:

模糊直线　设 AB 是一条通常意义上的直线,长度为 L。如果通过点 A 和 B 的曲线上任一点与 AB 的距离 d 跟 L 相比是很小的,则称该曲线为一条模糊直线,或近似直线,记作$\underset{\sim}{AB}$(如 5－4 图所示)。

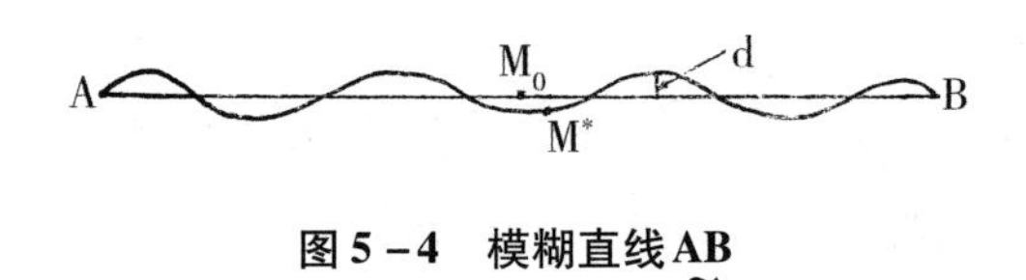

图 5－4 模糊直线$\underset{\sim}{AB}$

模糊中点 令 M_0 为普通直线段 AB 的中点,如果模糊直线段$\underset{\sim}{AB}$上的一点 M^* 与 M_0 的距离和 L 相比是很小的,则称 M^* 为$\underset{\sim}{AB}$的模糊中点,或近似中点。

显然,通过 A、B 点的模糊直线不是唯一的,而是无穷多的,形成一个模糊直线集合。模糊直线段$\underset{\sim}{AB}$的模糊中点也不是唯一的,而是一个模糊点集合。

模糊三角形 设 A、B、C 是不在同一条直线上的三个点,由模糊线段$\underset{\sim}{AB}$、$\underset{\sim}{BC}$、$\underset{\sim}{CA}$顺序联结形成的图形,叫作模糊三角形,记作$\underset{\sim}{\triangle}$ABC。(图 5－5)

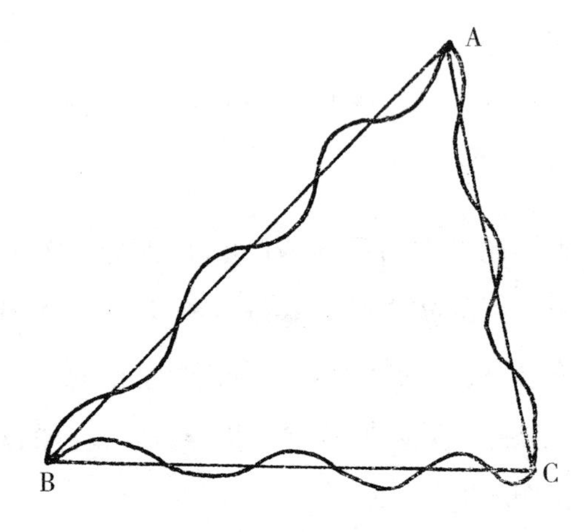

图 5－5 模糊三角形

模糊圆 给定一个以 O 为圆心、以 r 为半径的普通圆。如果一条曲线上任一点 A 与圆的距离 d 和 r 相比是很小的,则称此曲线为一个模糊圆(见图 5 -6)。其中,连线 AO 与圆相交于 B 点,线段 AB 的长度 d 叫作点 A 到圆的距离。

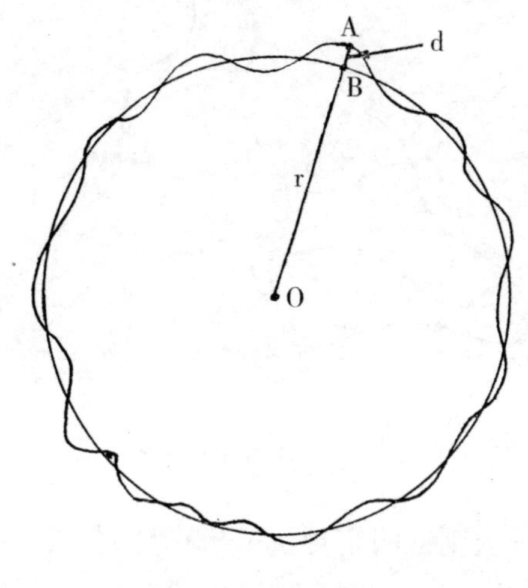

图 5 -6　模糊圆

同一概念的模糊定义不是唯一的。模糊圆也可以定义为:一条基本上是封闭的、凸的平面曲线,自身几乎不相交,曲线上的任一点与某个定点 O 的距离基本上相等。

(2)用模糊概念塑述定理——模糊定理

一个在近似意义上为真的糊模假言命题"若 $\underset{\sim}{A}$ 则 $\underset{\sim}{B}$",是一个模糊定理。扎德把平面几何中关于三角形的三条中线交于一点的定理模糊化,给出模糊定理的一个非正式的实例。[52]

模糊定理　设 $\underset{\sim}{\triangle}ABC$ 为一模糊三角形,M_1、M_2、M_3 分别为三边 $\underset{\sim}{BC}$、$\underset{\sim}{CA}$、$\underset{\sim}{AB}$的模糊中点,则模糊直线 $\underset{\sim}{AM_1}$、$\underset{\sim}{BM_2}$、$\underset{\sim}{CM_3}$ 两两相交,形成一个模糊三角形 $\underset{\sim}{\triangle}T_1T_2T_3$,$\underset{\sim}{\triangle}T_1T_2T_3$ 和 $\underset{\sim}{\triangle}ABC$ 相比是有点(有点小)。(图 5 -7)

有点小和有点(有点小)是不同的模糊语词,将在下章讨论。有点(有点小)又可记作(有点)^2 小。$\underset{\sim}{\triangle}T_1T_2T_3$ 与 $\underset{\sim}{\triangle}ABC$ 相比是(有点)^2 小,

意指三个顶点 T_1, T_2, T_3 与 $\underset{\sim}{\triangle}$ABC 的重心 O 的距离是(有点)^2 小。

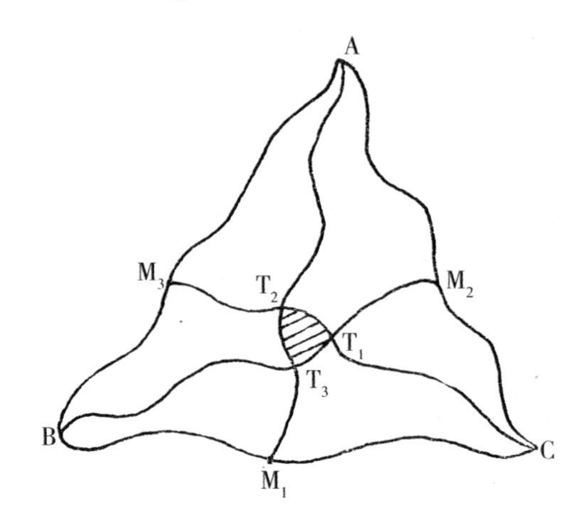

图 5－7　模糊定理一例

(3)按模糊推理规则证明定理——模糊证明

模糊定理的模糊证明(近似证明),出发点也是一组公理。为简化记,扎德在近似证明上述模糊定理时,没有直接从欧氏几何公理出发,而是从普通的非模糊定理出发。他的证明大致如下。

令 M_1^0 和 M_2^0 分别是普通直线段 BC 和 CA 的中点,AM_1^0、BM_2^0、AM_1、BM_2 均为普通直线段,O 为 AM_1^0 和 BM_2^0 的交点(图 5－8)。因为 M_1 是 $\underset{\sim}{BC}$的近似中点,且 M_1 到 M_1^0 的距离是小的,所以,AM_1 上任何点到 AM_1^0 的距离是小的。又因为$A\underset{\sim}{M}_1$ 上任何点到 AM_1 的距离是小的,因而$A\underset{\sim}{M}_1$ 上任何点到 AM_1^0 的距离是有点小。

同理可证 BM_2 上任何点到 BM_2^0 的距离是有点小。考虑到 AM_2 和 BM_2^0 之间的夹角近似于 120°,$A\underset{\sim}{M}_1$ 和$B\underset{\sim}{M}_2$ 的交点和 O 点之间的距离是(有点)^2 小,故$\underset{\sim}{\triangle}T_1 T_2 T_3$ 相对于$\underset{\sim}{\triangle}$ABC 是(有点)^2 小。证讫。

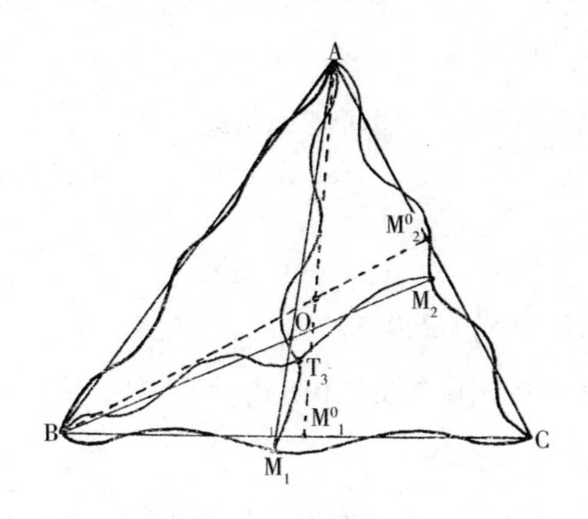

图 5－8　模糊证明一例

模糊定义、模糊定理、模糊证明，虽然是不严格、不唯一的，但仍有一定的规则和方法，有自己的一套理论。如何给概念下模糊定义，如何塑述和证明模糊定理，这是数学学中的全新问题，没有现成的依据，需要锻造一套全新的武器。这方面的研究目前尚未真正开展。上面介绍的只是扎德的一些非常初步的设想。虽然十分粗糙，但展示的前景是诱人的。扎德对模糊数学的模糊理论作过这样的描述："另一种最终可能导致与传统根本背离的方法，是在逻辑学中引进模糊性，产生了所谓模糊逻辑，或者用最新的名称，叫作超模糊逻辑。在这类逻辑中，证明与定理的概念均已模糊化，推理过程是近似而非精确的。于是，获得定理不再是数学的目的（这在过去是如此，目前也仍然如此）。相反，数学的目的成了做出一些具有高度真理性，但不一定是普遍的或无所不包的真理性的结论。就这点而论，建立在模糊逻辑基础之上的模糊数学尚处于初创时期。然而，它终将成为软科学所必需的一门数学。"[57]这是数学发展史上十分大胆的新思想。如果这一思想得以成功地贯彻，将意味着数学根本性质的改变，对整个科学思想也将产生深远的影响。

思考与练习题

1. 计算 $\underset{\sim}{1}+\underset{\sim}{2}$

2. 设 $\underset{\sim}{a}=(0.7,0.5,0.2,0.4,1)$,

$\underset{\sim}{b}=(0.4,0.6,0.3,0.2,0.8)$,

计算 $\underset{\sim}{a}\cdot\underset{\sim}{b}$, $\underset{\sim}{a}\otimes\underset{\sim}{b}$, $(\underset{\sim}{a},\underset{\sim}{b})$。

3. 投掷骰子,模糊随机事件“出现小点数”$\underset{\sim}{S}$ 定义为 $\underset{\sim}{S}=1/1+0.7/2+0.3/3$,试求 $P(\underset{\sim}{S})$。

4. 什么是模糊数学的模糊理论?

第六章　模糊语言

语言学是模糊学重要的、富有成果的应用领域之一。首先是扎德等人以模糊集合论为工具,研究自然语言的模糊性,创立定量模糊语义学,本章将作重点介绍。一些对计算机形式语言感兴趣的学者在形式语言中引入模糊性,使之模糊化,开辟了模糊语法的研究方向,本章第六节将作简要讨论。模糊学也引起传统语言学界的注意,作为新方法引入语言学领域,本章最后一节将略加介绍。

6.1　自然语言的模糊性

自然语言(人类思维和交际使用的语言)和人工语言(机器使用的形式语言、数学语言等)的一个重要区别,是自然语言具有模糊性。这种模糊性,在语音、语义、语法诸方面都有表现。

语流中的音素本身具有模糊性。英语中的元音[iː]和[i]的区别是,发[iː]的舌位比发[i]稍低,与上颚间隙稍宽;发[i]时舌前部抬得更高,与上颚间隙更窄。这里的稍低与更高、稍宽与更窄,不可能有精确的界限。俄语中的清、浊辅音单独发音时界限比较分明,拼读在词句中,常常不易区分。汉语中的各种方音都是模糊的,从北京到天津,无法确定两种方音之间截然分明的分界线。各种语言的语音都有模糊性。

词义是与词的语音形式相联系的，是人们对客观事物的概括反映。一个词从概括反映对象到不概括反映对象，往往是逐步过渡而非突然改变的。一切颜色词：红、黄、浅兰、墨绿等都是模糊词。黎明、早晨、上午、中午、傍晚、深夜，春、夏、秋、冬，这些时间词都没有明确的上下限。东南、西北、左前方、右下方，这类方位词也是模糊的。历史分期形成的名词，如初唐、中唐、晚唐，一般都没有明确的界限。英雄、模范、落后分子等按事物的模糊性态分类而形成的名词，词义都有模糊性。性质形容词，如优、劣、美、丑，善、恶，大、小等等，显然是模糊词。比较形容词的模糊性一般要更强烈些。即使最高级形容词，也可能有模糊性。“最佳”就是一例，“最佳运动员”“最佳电影演员”，没有精确的标准可供识别。程度副词稍微、比较、有点、非常等，是典型的模糊词，典型地、努力地等也是模糊词。动词也有模糊性，拥护、提高、打倒、消灭，词义都有模糊性。总之，如扎德所说：“在自然语言中，出现在句子中的词大部分是模糊集的名称，而不是非模糊集的名称。”[67]

许多语法范畴的含义有模糊性。英语中名词的单复数和词性，动词的完成式和未完成式，过去时和现在时，都有模糊性。法语中的最近过去时和最近将来时，是典型的模糊语法范畴。汉语词类划分中的困难，与词类这个词法范畴的模糊性有关。句法范畴也有模糊性。遣词造句要合乎语法。但合乎语法和不合语法并无截然分明的界线。有些有语法错误的句子仍能传递信息，能为别人理解，说明它们在语法上并非完全错误。句子的语法正确或错误有量的规定性，需要在不同程度上加以把握。

语言的模糊性还需从语言的演变中考察。不同领域之间借用术语，从使用本义到使用转义，有可能使本来确切的术语变为模糊术语，使模糊性较少的术语变为模糊性较多的术语。汉语中的“叔叔”这个词原指有血缘关系、与父亲同辈而较年轻的男子。现在称呼“张叔叔”“李叔叔”“解放军叔叔”等，取消了血缘关系和年龄的限制，含义相当模糊，以至青年人有时难以确定对某人应当称呼叔叔,还是称呼哥哥。

现代科学技术的发展,推动着语言向精确化方向发展。但是,由于一定的社会历史原因,或语言系统本身的原因,自然语言又存在模糊化趋势。语言模糊化并非纯粹消极的因素,它能使语言更丰富多彩,更富有表现力。精确化和模糊化是一对矛盾,对语言发展都有积极的推动作用。

6.2　语言变量和语言值

自然语言广泛存在的模糊性提示我们,语言理论的某些方面适于用模糊学的观点和方法来分析。从本节起,我们主要讨论定量分析语言模糊性问题。用模糊学方法分析语音的模糊性是适宜的,印度学者关于模糊语音识别的研究受到模糊界的普遍好评,有兴趣的读者可参考有关文献。本章主要讨论语义和语法方面的问题。

自然语言的语词数量极多,从何着手呢?扎德提出的语言变量概念,揭示了语词之间的系统联系,便于分析语词的结构。对于定量地、形式地描述自然语言的语义模糊性,语言变量是一个很有力的概念。

令 a 代表人的年龄。日常谈论年龄问题,讲甲 18 岁,乙 56 岁,丙 75 岁,是把 a 当作一个取具体数字为值的变量,叫作数值变量。有时候,人们谈论年龄问题时不讲具体的岁数,而讲甲很年轻,乙有点老,丙相当老。这里年龄仍被当作一个变量(记作 A),但它以很年轻、有点老、相当老这类语词为值。一个变量不取具体的数字为值,而以自然语言中的语词为值,就叫作语言变量。被取作它的值的语词,叫作该语言变量的语言值。年龄 A 就是一个语言变量,“很年轻”“有点老”等是 A 的语言值。以 T(A)记 A 的所有语言值构成的集合,则:

T(A) = {…,较年轻,年轻,很年轻,…

不太年轻,不年轻,很不年轻,…

有点老,相当老,…不很老,不老,

…,不年轻也不老,…}　　(6.1)

定义　一个语言变量系指一个五元组{X,T(X),U,G,M},其中,X是语言变量的名称,T(X)是X的语言值集合,U是论域,G是语法规则,M是语义规则。

一个语言变量总是联系着两个规则。一个是生成语言值集合T(X)中各个语词的语法规则,需要通过分析语言值的语法结构来确定。另一个是语义规则,确定语言值语义的规则。这里讲的语义,不是指对词义的定性诠释,而是指对词义的定量计算。语义规则即语义的算法规则。

语言变量是由人类的言语实践中提炼出来的概念。定义中的五个要素之间的相互关系,如图6-1所示。

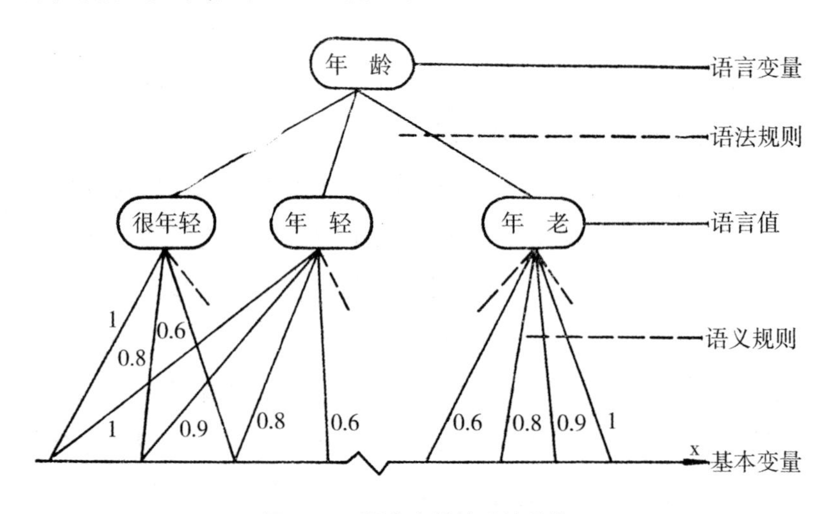

图6-1　语言变量的系统结构

图6-1表明,语法规则和语义规则是在不同层次上起作用的。语言值可以看作为加在数值变量上的模糊限制。

汉语中常用一对反义词A和$\bar{A}$毗连而构成的合成词$A\bar{A}$,如高低、多少、大小、快慢、优劣等。A和$\bar{A}$常是模糊词,没有明确的外延。但合成词

$A\bar{A}$概括了从 A 到 $\bar{A}$ 的全部外延,可以用一个普通集合表示。“长短”一词就代表了从长到短的全部外延。若问某物的长短,既可以用具体的数值回答,也可以用不短、很短、较长等语言值回答。这类合成词 $A\bar{A}$代表一定的语言变量 X,从 A 到 $\bar{A}$ 的全部外延构成的集合就是论域。通常处理的模糊性问题,往往是在这类论域上形成的。其中,像“长短”“高低”“深浅”“快慢”等,都有一个能够精确测量计算的数值变量 x(如长度、高度、深度、速度)来描述。数值变量 x 叫作语言变量 x 的基本变量。x 在整个实数轴上或其某部分上取值,x 的取值范围就是论域。设身高 h 在 0 到 300 厘米范围内取值,论域 U = [0,300],H 记语言变量身高,h 是 H 的基本变量。“贫富”“真假”等语言变量,经过适当处理,也可以精确定义基本变量。凡有精确定义的基本变量的语言变量,称为第一类语言变量。第二类语言变量,如“美丑”“善恶”等,没有可精确定义的基本变量,论域不能数量化。但它们的不同语言值仍反映对象的性态有程度上的区别,根据经验、印象采取主观打分的方法,可以给出近似的定量描述。

6.3 语言值的语法结构和语义定义

语言变量一般都是构成式的,语言值分基本语言值和合成语言值两类。语言变量 X 的基本语言值是 T(X)系统中的词素,即按词义划分的最小单位,又叫原子。基本语言值经过一定的语法手段,构成合成语言值。像年龄 A 这个语言变量,年轻 $\underset{\sim}{Y}$ 和年老 $\underset{\sim}{O}$ 是原子,其余的都是合成语言值。

设 X 的语言值由一种上下文无关的语法生成,那么,由基本语言值构成合成语言值的方式有:

(1)前缀限制词(修饰词)H。限制词常用“微”“稍”“较”“有点”“相当”“很”“非常”“非常非常”“极”等程度副词。在原子或已知合成词C（叫作中心词）之前缀以限制词H，形成如下形式的合成语言值：

$$T = HC \tag{6.2}$$

如“微胖”“较高”“非常非常美”等。

（2）加联结词“或”“且”和否定词“非”。已知语言值A和B，加连接词“或”（$\vee$）得到：

$$T = A\text{ 或 }B = A \vee B \tag{6.3}$$

加连接词“且”（$\wedge$）得到：

$$T = A\text{ 且 }B = A \wedge B \tag{6.4}$$

A加上否定词“非”（$\neg$）得到：

$$T = \text{非 }A = \neg A \tag{6.5}$$

例如，由 $\underset{\sim}{Y}$ 和 $\underset{\sim}{O}$ 合成得 $\neg \underset{\sim}{Y}$（不年轻），$\underset{\sim}{Y} \vee \neg \underset{\sim}{O}$（年轻或不年老），$\neg \underset{\sim}{Y} \wedge \neg \underset{\sim}{O}$（不年轻且不年老）等。

（3）混合式。上述两种合成方式重复或交叉使用，形成各种复杂的语言值。设 H_2 代表“很”，$H_{\frac{1}{2}}$ 代表“有点”，则“不很年轻或有点老”可形式地表示为：

$$T = \neg(H_2 \underset{\sim}{Y}) \vee H_{\frac{1}{2}} \underset{\sim}{O} \tag{6.6}$$

原则上讲，一个语言变量可能有无限多语言值。上述分析表明，从少量基本语言值（通常为两个，有时只有一个）出发，经过上述几种语法手段，一切语言值都能形式地表示出来。

语义的模糊性表示语词与它所概括的对象之间联系的模糊性。因此，用模糊集合定量描述模糊词的语义是适当的。

定义 语言变量X的语言值T的语义，记作M（T），是一个模糊集合，数量特征由隶属函数表述。

有些语言变量的语言值是属性词，用一般的模糊集合刻画其语义。语言值“年轻”和“年老”的语义分别由（3.10）和（3.11）表示。有些语言变量的语言值是关系词，如“略大于”“远大干”“远远大于”等。这类语言值的语义用模糊关系定量表示，当论域为有限集时，用模糊矩阵表示。

在数学上，语言变量是以模糊集合为其值的变量，因而不同于通常的数值变量，叫作语言变元更适当些。

语义规则是表示基本语言值和复合语言值之间的语义联系的规则，即计算复合语言值语义的方法和程序。模糊语言学一方面利用现代语言学关于语言形式结构和语义的研究成果，一方面利用模糊学的理论和方法，将两方面结合起来，制定定量描述自然语言语义模糊性的方法。

同一语词因语境不同而语义可能有差别。苏州的高楼在上海未必称得上高楼。运动员 30 岁算老，科学家 30 岁算年轻，相去甚远。同一语词在不同语境下要用不同的模糊集合表述。

6.4 模糊语言算子

算子是数学中的概念。以微分算子 d 为例，把 d 置于变量 y 之前，就改变了 y 的内容，得到一个新的变量 dy。在合成词 $H\underset{\sim}{C}$ 中，限制词 H 具有调整和改变中心词 $\underset{\sim}{C}$ 的词义的作用，H 相当于一个算子。$\underset{\sim}{C}$ 是运算对象，H 对 $\underset{\sim}{C}$ 运算的结果，改变了 $\underset{\sim}{C}$ 的语义 $M(\underset{\sim}{C})$，得到 $H\underset{\sim}{C}$ 的语义 $M(H\underset{\sim}{C})$。因此，称 H 为语言算子。本节主要介绍以下几种语言算子。

（1）集中化算子

限制词“很”“挺”“相当”“非常非常”“极”等的语义功能在于，对于任一 $x\in U$，x 对 $H\underset{\sim}{C}$ 的隶属度小于或等于 x 对 $\underset{\sim}{C}$ 的隶属度，即：

$$\mu_{H\underset{\sim}{C}}(x)\leqslant\mu_{\underset{\sim}{C}}(x),\ \forall x\in U \tag{6.7}$$

图 6－2 示意 $\mu_{H\underset{\sim}{C}}(x)$ 和 $\mu_{\underset{\sim}{C}}(x)$ 的区别。H 前缀于 $\underset{\sim}{C}$，使隶属度的分布向中央集中，故称这类限制词为集中化算子。

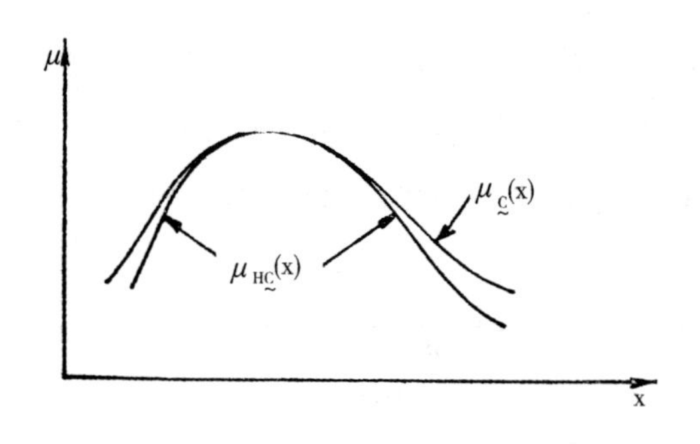

图 6-2 集中化算子

例如,28 岁属于“很年轻”的程度小于它属于“年轻”的程度,70 岁对“非常非常老”的隶属度小于它对“非常老”的隶属度。某学生对问题的回答使老师感到“满意”的程度要高于感到“很满意”的程度。

(2)散漫化算子

“微”“稍”“有点”“较”“略”“或多或少”等限制词的语义功能与上述集中化算子恰好相反。对于任一 $x\in U$,x 对 $H\underset{\sim}{C}$ 的隶属度大于或等于 x 对 $\underset{\sim}{C}$ 的隶属度,即

$$\mu_{H\underset{\sim}{C}}(x)\geqslant\mu_{\underset{\sim}{C}}(x),\ \forall x\in U \tag{6.8}$$

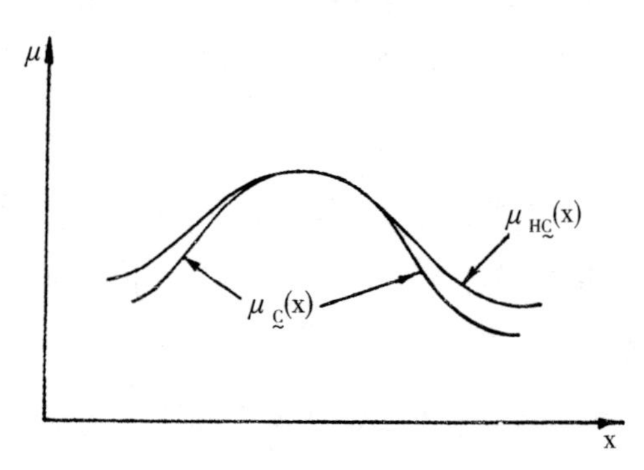

图 6-3 散漫化算子

这类算子前缀于 $\underset{\sim}{C}$,使隶属度的分布由中央向边缘散布,故称为散漫化算子。图 6-3 示意散漫化算子的语义作用。

集中化算子和散漫化算子,有时合称语气算子,记作 H_λ。λ 取不同值,代表不同语义作用的算子。H_λ 的语义作用,可用模糊集合的幂乘运算定量刻画:

$$H_\lambda \underset{\sim}{A} = \underset{\sim}{A}^\lambda, \tag{6.9}$$

$$(H \underset{\sim}{A})(x) = [\underset{\sim}{A}(x)]^\lambda \tag{6.10}$$

显然,$\lambda > 1$ 是集中化算子;$\lambda < 1$ 是散漫化算子。

模糊学文献一般采用扎德的下述约定。令 H_2 代表限制词"很"(设"很"与"非常"同义),

$$(H_2 \underset{\sim}{A})(x) = [\underset{\sim}{A}(x)]^2; \tag{6.11}$$

H_4 代表"极"(设"极"与"非常非常"同义),

$$(H_4 \underset{\sim}{A})(x) = [\underset{\sim}{A}(x)]^4; \tag{6.12}$$

$H_{\frac{1}{2}}$代表"较"(设"较"与"有点"同义),

$$(H_{\frac{1}{2}} \underset{\sim}{A})(x) = [\underset{\sim}{A}(x)]^{\frac{1}{2}}; \tag{6.13}$$

$H_{\frac{1}{4}}$代表"微"(设"微""略""稍"同义),

$$(H_{\frac{1}{4}} \underset{\sim}{A})(x) = [\underset{\sim}{A}(x)]^{\frac{1}{4}}; \tag{6.14}$$

例如,"很老" $= H_2 \underset{\sim}{O}$,"微老" $= H_{\frac{1}{4}} \underset{\sim}{O}$,隶属函数为:

$$(H_2 \underset{\sim}{O})(x) = \begin{cases} 0 & 0 \leqslant x \leqslant 50 \\ \left[1 + \left(\frac{x-50}{5}\right)^{-2}\right]^{-2} & 50 < x \leqslant 100 \end{cases} \tag{6.15}$$

$$(H_{\frac{1}{4}} \underset{\sim}{O})(x) = \begin{cases} 0 & 0 \leqslant x \leqslant 50 \\ \left[1 + \left(\frac{x-50}{5}\right)^{-2}\right]^{\frac{1}{4}} & 50 < x \leqslant 100 \end{cases} \tag{6.16}$$

(3)模糊化算子

"大概""近于"等限制词也是语言算子,前缀于中心词,增加了词义的模糊性,或者使非模糊词模糊化,故称为模糊化算子,记作 F。例如,"大概年轻"要比"年轻"更模糊些。

模糊化算子的一般形式为：

$$(F\underset{\sim}{A})(x)=(\underset{\sim}{E}\circ\underset{\sim}{A})(x)$$
$$=\bigvee_{y\in U}(\underset{\sim}{E}(x,y)\wedge\underset{\sim}{A}(y)) \quad (6.17)$$

其中，$\underset{\sim}{E}$ 是 U 上的相似关系。当 U=(-∞，+∞)时，常取

$$\underset{\sim}{E}(x,y)=\begin{cases}e^{-(x-y)^2}, & 当|x-y|<6\\ 0, & 当|x-y|\geqslant 6\end{cases} \quad (6.18)$$

此处 6 为参数。

例 令 A(x)代表精确数词 5 的隶属函数：

$$f_A(x)=\begin{cases}1, 当\ x=5\\ 0, 当\ x\neq 5\end{cases} \quad (6.19)$$

前缀模糊化算子 F，得：

$$F\underset{\sim}{A}(x)=\mu_{\underset{\sim}{5}}(x)$$
$$=\begin{cases}e^{-(x-5)^2} & 当(x-5)\leqslant 6\\ 0 & 当(x-5)>6\end{cases} \quad (6.20)$$

$\underset{\sim}{5}$ 代表大约 5，是一个模糊实数。

限制词理论在模糊语言和模糊逻辑中占有重要地位。这里介绍的只是一部分。扎德将自然语言中的限制词分为两类。上面讨论的都属于第一类限制词，比较容易建立数学定义。第二类限制词，如“基本地”“主要地”“本质地”等，难以作数学刻画。模糊语言的限制词系统还包括人工限制词。为了增强对各种限制词词义差别的辨识能力，有必要引入一些人工定义的限制词，它们在自然语言中没有对应的词。例如，扎德引入了：

$$plus=H^{\frac{5}{4}} \quad (6.21)$$

$$(plus\ \underset{\sim}{A})(x)=[\underset{\sim}{A}(x)]^{\frac{5}{4}} \quad (6.22)$$

$$minus=H_{\frac{3}{4}} \quad (6.23)$$

$$(\text{minus}\ \underset{\sim}{A})(x) = [\underset{\sim}{A}(x)]^{\frac{3}{4}} \tag{6.24}$$

plus 和 minus 介于 H_2 和 $H_{\frac{1}{2}}$ 之间，增强了语气算子的辨识能力。

6.5 语言值的语义计算

定量模糊语义学的中心问题，是制定一套语义演算的规则和方法，据之可以从原子的语义出发，逐步计算出 T(X) 中一切语言值的语义。[46]

原子的语义按模糊集合论的方法确定，或列表给出，或公式表示，或用算法表示。这里假定原子的语义是已知的。

否定词“非”是一元运算，连接词“或”“且”是二元运算，它们在语义计算中的作用由模糊集合的有关运算规定。语言算子也是一元运算，语义作用已在上一节讨论过。

因此，一切由有限个原子经过有限次使用限制词、否定词和连接词而生成的复合语言值，其语义都可以进行计算。实际计算分两步：

第一步，作出语言值 T 的语树图。以“不年轻或非常非常老”为例，共语树图为：

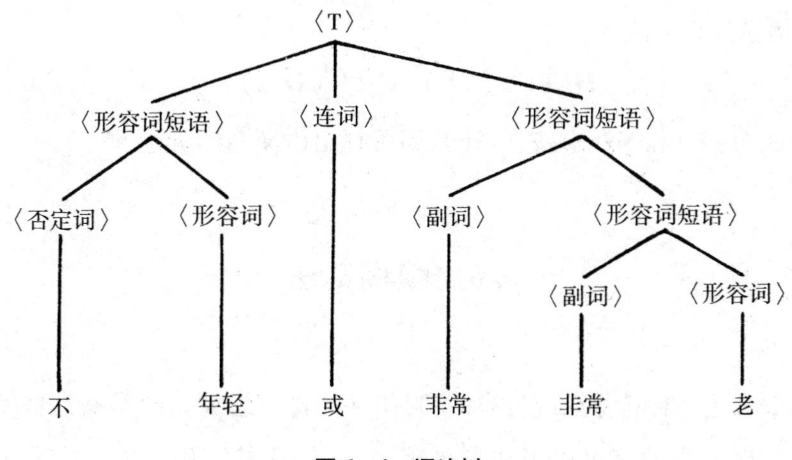

图 6-4 语法树

图中语言值T是树根,又叫起始点。由树根生出树干,即不同层次的语法范畴,用< >标示。由最后层次的树干生出树叶,即构成语言值的词素。一个语法树包含若干子树,每个语法范畴都是一个子树树根。由树根起逐层生长,最后生成语言值T。其生成规则为:

<T>→<形容词短语>$_1$ + <连词> + <形容词短语>$_2$
<形容词短语>$_1$→<否定词> + <形容词>$_1$
<形容词短语>$_2$→<副词>$_2$ + <形容词短语>$_3$
<形容词短语>$_3$→<副词>$_2$ + <形容词>$_2$
} 树干

<否定词>→不
<形容词>$_1$→年轻
<连词>→或
<副词>$_1$→非常
<副词>$_2$→非常
<形容词>$_2$→老
} 树叶

第二步,由上述生成规则得到语言值T的集合表示:

$$T = \neg \underset{\sim}{Y} \cup (H_4 \underset{\sim}{O}) \tag{6.25}$$

T的语义计算公式为:

$$M(T) = (1 - Y(x)) \vee (\underset{\sim}{O}(x))^4 \tag{6.26}$$

从语义$M(\underset{\sim}{Y})$和$M(\underset{\sim}{O})$按(6.26),即可算出语义M(T)。

6.6 模糊语法

语言是一种符号系统,由一些叫作字的符号组成。设V是这些字的集合。由V中的字可以组成各种字串,一切这种字串构成的集合记作

V^*。V是有限集，V^*是无限集。字串不一定是句子。“我爱祖国”是句子，“国爱祖我”是字串而不是句子。V^*中所有是句子的字串构成V^*的一个子集，记作E。

判断一个字串是否为句子，重要的是掌握句子的生成规则。借助语树图，分析句子的结构层次和直接成分，可以发现不同类型句子的特殊生成过程和规则。以句子“酸凤姐大闹宁国府”为例，其语树图为：

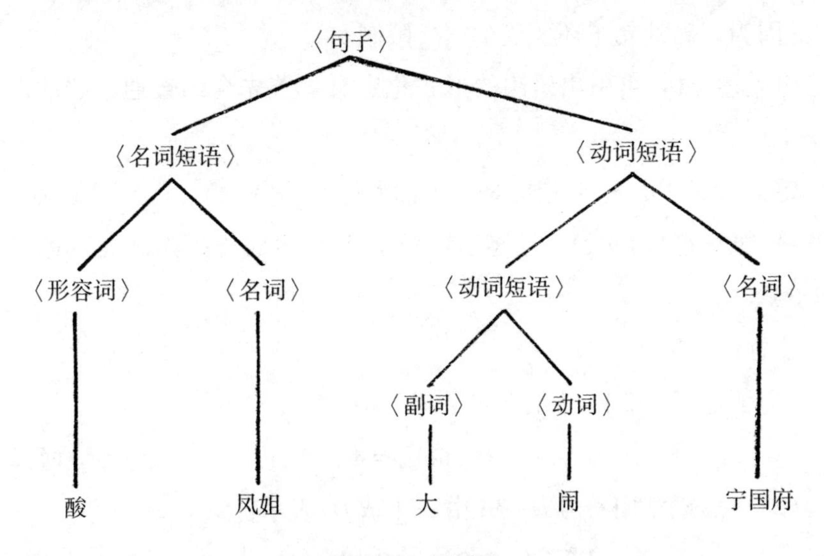

图6－5　语树图

若语法范畴的符号规定为，句子J，名词短语M_d，动词短语D_d，形容词X_n，名词M_n，副词F_u，动词D_n，这个句子的生成规则是：

$<J>\rightarrow<M_d>+<D_{d_1}>$，

$<M_d>\rightarrow<X_n>+<M_{n_1}>$，

$<D_{d_1}>\rightarrow<Dd>+<M_{n_2}>$，

$<D_{d_1}>\rightarrow<F_u>+<D_n>$，

$<X_n>\rightarrow$酸，

$<M_{n_1}>\rightarrow$凤姐，

$<F_u>\rightarrow$大，

$$<D_n>\to 闹,$$

$$<M_{n_2}>\leftarrow 宁国府。$$

这是一类句子的生成规则，它对顺次组成这种句子的词汇单位作了特定的语法范畴的规定。顺次填入适当的词，就能生成一个合乎语法的句子。如“勇晴雯病补孔雀裘”，“小狗常逮耗子”等。按照这种规则，也可能生成形式结构符合语法、但没有意义的句子，如“酸凤姐常逮宁国府”。因为正确的句子还要受到语义限制。

由上述分析，可引出语法的形式化定义。首先介绍普通语法的形式化定义。

定义 所谓语法 G，指的是一个四元组 $G=\{V_N,V_T,P,J\}$，V_N 是非终端符号（过渡符号）集，V_T 是终端符号集，P 是生成规则集，J 是起始符号（句子）。

注意：

（1）假定 V_N 和 V_T 没有公共元素，即：

$$V_N\cap V_T=\phi \tag{6.27}$$

（2）生成规则用符号 $\alpha\to\beta$（由 α 生成 β）表示：

$$P\subseteq\{(\alpha\to\beta)\mid\alpha,\beta\in V_N\cup V_T\} \tag{6.28}$$

（3）$J\in V_N$（句子是语法范畴）。

（4）非终端符号代表构成句子深层结构的语法范畴，终端符号是构成句子表层结构的词。上例就是一个普通语法，其中 $V_N=\{J,M_d,D_{d^1},X_n,M_{a^1},D_{d^2},M_{n^2},F_u,D_n\}$，$V_T=\{$酸，凤，姐，大，闹，宁，国，府$\}$，P 包含九条生成规则。

普通语法 G 的生成规则都是确切规则，按正确的规则生成的句子必定符合语法，按不正确的规则生成的句子必定不符合语法，二者界限分明。但符合语法是一个模糊概念，字串集合 V^* 中合乎语法而成为句子的字串构成的集合，是 V^* 上的一个模糊子集 $\underset{\sim}{E}$，每个字串对 $\underset{\sim}{E}$ 都有一定的隶属度。取 V = {我,书,读,爱}。J_1 ≜"我爱读书",完全符合语法,隶属度 $\mu_{\underset{\sim}{U}}(J_1)=1$。$J_2$ ≜"读书我爱",语序不符合汉语的习惯,但语法并非全错,若破读为"读书,我爱",还能表达一定的意义,可指定 $\mu_{\underset{\sim}{E}}(J_2)=0.4$。$J_3$ ≜"我爱爱读书",可能是口吃者讲的话,除有重复的毛病外,语法大体正确,可令 $\mu_{\underset{\sim}{E}}(J_3)=0.8$。$J_4$ ≜"书读爱我",语法全错,$\mu_{\underset{\sim}{E}}(J_4)=0$。可见,实际的生成规则可能有模糊性,不一定是要么正确、要么不正确,有些生成规则是部分正确而又不完全正确,生成的句子在一定程度上符合语法而又不完全符合语法。将生成规则模糊化,得到以下模糊语法的形式化定义。

定义　一个模糊语法系指一个五元组 $G=\{V_N,V_T,J,P,f\}$,V_N 是非终端符号的有限集,V_T 是终端符号的有限集,J 是起始符号,$\underset{\sim}{P}$ 是模糊生成规则集,f 是由 $\underset{\sim}{P}$ 到区间[0,1]的映射,规定每条生成规则语法正确的程度。模糊语法的模糊性表现于生成规则是模糊的。模糊生成规则记作 $\alpha\xrightarrow{f}\beta$,f 代表由规则 $\alpha\longrightarrow\beta$ 生成的句子语法正确的程度。故有

$$\underset{\sim}{P}\subseteq\{(\alpha\xrightarrow{f}\beta\mid\alpha,\beta\in V_N\cup V_T,f\in[0,1]\}\tag{6.29}$$

例　设 $V_T=\{a,b\}$,$V_N=\{J,A,B,C\}$,$\underset{\sim}{P}$ 包括八条生成规则:

r_1: $J\xrightarrow{1}AB$,　　r_2: $A\xrightarrow{0.9}aAB$,

r_2: $B\xrightarrow{0.8}b$,　　r_4: $A\xrightarrow{0.6}aB$,

r_5: $A\xrightarrow{0.5}aC$,　　r_6: $C\xrightarrow{0.5}a$,

r_7: $B\xrightarrow{0.3}bB$,　　r_8: $A\xrightarrow{0.2}B$。

由这个模糊语法生成的每个句子 J,对 $\underset{\sim}{E}$ 都有一定的隶属度 $\mu_{\underset{\sim}{E}}(X)$,计算方法如下例:

$$J\xrightarrow[r_1]{1}AB\xrightarrow[r_2]{0.9}aAB\xrightarrow[r_5]{0.5}aaCB\xrightarrow[r_6]{0.5}aaaB\xrightarrow[r_7]{0.3}aaabB\xrightarrow[r_3]{0.8}aaabb,$$

$$\mu_{\underset{\sim}{E}}(aaabb) = \wedge(f(r_1), f(r_2), f(r_5), f(r_6), f(r_7), f(r_3))$$
$$= \wedge(1, 0.9, 0.5, 0.5, 0.3, 0.8)$$
$$= 0.3$$

句子 aaabb 的语法正确程度为 0. 3。

6. 7 模糊学对语言学的影响

不对语言现象作定量的、形式化的研究,是传统语言学的突出缺点。现代语言学吸取自然科学的精确化方法,探索对语言现象作定量化、形式化描述的适当途径,创立了各种语言学理论。同语义相比,语法结构的清晰性较为显著,应用精确方法易于奏效。20 世纪 50 年代前后,西方语言学家在给语法范畴下定义时,都力求精确。尽管也有人注意到语言的模糊性,但风靡一时的各种生成语法都不考虑这种模糊性。语言学的精确化努力取得很大成功。但排除模糊性于语言理论之外,又是现代语言学的一个明显缺点,以至一些语言学家在当时需要很大勇气才敢于谈及语言的某些模糊性。这不能不妨碍现代语言学的进一步发展。

模糊学的兴起,为语言学改变这一不正常状况提供了推动力。模糊学帮助语言学家认识到那些过去被认为可以一刀切的各种项目之间的模糊性轮廓,承认模糊性是语言研究中不可回避的现象。美国语言学家派克在检讨自己几十年研究语言学的教训时,作了这样的总结:"在 40 年代我因未能尝试用模糊界线定义音素而失败,……50 年代我因未能用模糊界线描述词的集合而败阵;60 年代我又因未能用这种方法定义某些语法结构而失利。"[41] 语言学家们发现,他们从模糊学中可以找到对语言现象的模糊性作定量的、形式化的处理的工具,欣喜地称扎德的模糊集合是"一个可爱的术语"。许多语言学家指出,语音、语义、语法诸方面的模糊性将成为语言学研究的重要领域,对语言学的发展将产生多方面的深刻影响。

语言理论研究　从模糊性出发观察语言现象,可以发现传统语言学难以发现的问题,开辟新的研究方向,提出新的理论观点。按照传统观点,一个词要么是名词,要么不是名词,泾渭分明。按照模糊学观点,人们现在提出了考察一个词具有名词性的程度这种问题。有些语言现象,从语言的模糊性角度去解释,可能更自然、贴切一些。按照派克的观点,词的集合描述,音素的定义,某些语法结构的定义,都需要运用模糊学。

语义研究　对于了解自然语言和人脑思维的本质,语义问题比语法结构更为根本。但语义的模糊性比语法的模糊性要强烈得多,很难用精确方法刻画语义模糊性。这可能是现代语言学在语义研究中碰到巨大困难的重要原因。研究语义尤其需要用模糊学方法。我国语言学家已着手吸取模糊学观点和方法,考察汉语的确切义和模糊义的关系,说明模糊语词在人类交际中的重要意义。[60]

语言比较研究　需要对不同语言在语音、语义、语法方面的模糊性作比较研究。考察不同语种表述同一概念(如时间概念"现在")的语词的模糊性,可以发现不同语言的模糊性既有共同性,又有很大的差异性。开展语言模糊性的比较研究,对于了解不同语言的关系、模糊语言和模糊思维的关系,是有益的。

词典学研究　各种语言的词典学家都熟悉本民族语言中的模糊现象,在词义的诠释上不能不采用模糊方法,只是没有系统的理论作指导。模糊学有助于克服这一缺点。美国语言学家拉科夫在研究了模糊限制词后认为:"模糊限制词的研究揭示了许多不是显而易见的语义现象","语义标准有一种结构,词典的定义中很少揭示这种结构"[16]。研究语言模糊性,对词典编纂工作有指导意义。

方言研究　模糊集合论已被引进方言研究中。[3]把一种方言区的所有方言点的集合作为论域,每个方言片都是论域上的模糊集合。从一个方言片的方言中心到相邻的另一个方言片的方言中心,方言的改变是逐步过渡的,两个方言片之间不存在截然分明的分界线。考察一个方言片 $\underset{\sim}{A}$,将论域上每个方言点的方言同 $\underset{\sim}{A}$ 的接近程度用[0,1]区间的一个数值 μ 表示,μ 作为该方言点对方言片 $\underset{\sim}{A}$ 的隶属度,这个方言片就是一个模糊集合 $\underset{\sim}{A}$。再利用模糊集合论方法,可以对方言片 $\underset{\sim}{A}$ 的方言变化规律和不同方言片的界线划分作某种定量刻画。

模糊学在语言学中的应用是多方面的,但目前还处于萌芽阶段。随着这方面研究工作的深入,我们对语言模糊性定能获得系统的了解。

思考与练习题

1. 举例说明自然语言的模糊性。

2. 模糊限制词有什么语义作用?模糊限制词系统包括哪些成分?

3. 作出"不很年轻也不非常非常老","有点老或不很年轻"的语树图。

4. 用不等号将下列各项联结起来:

$$\mu_{好}(x) \quad \mu_{较好}(x) \quad \mu_{很好}(x) \quad \mu_{极好}(x)$$

5. 计算"不老或较年轻","不很年轻也不非常非常老"的语义。

6. 取6.6节例题中的模糊语法G。设句子J顺次由规则 r_1、r_2、r_4、r_7、r_3、r_3、r_3 生成,计算 $\mu_{\underset{\sim}{E}}(J)$。

第七章　模糊概念

模糊学为概念论提出了新的课题,提供了新的观点和方法。模糊概念是一个值得注意的研究领域。但目前的研究尚未认真开展,还不能形成系统而深刻的理论。本章只是对模糊概念的有关问题作初步的讨论。

7.1　两类不同的模糊概念

每个科学概念都有一个形成过程。人们在实践中概括感性材料,最先形成的是反映事物本质尚不够全面、不够准确的概念。随着认识的深入发展,对这种初步的、较为粗糙的概念不断加工,逐步建立起确切的或精确的概念。理性认识早期阶段的这种含义不够精确的概念,人们有时称之为模糊概念或含糊概念。每一个科学概念,包括最著名的数学概念,都有一个从不甚确切或不甚精确到确切或精确的发展过程。当牛顿、莱布尼兹创立微积分之初,微分、积分等基本概念都比较含糊。19 世纪的数学家大声疾呼“人们在分析中确实发现了惊人的含糊不清之处”(挪威数学家阿伯尔语)。后来经过法国数学家柯西等人的努力,在极限论的基础上给微积分基本概念以统一的严格定义。但柯西的定义中仍然使用“充分接近”“要多小就多小”之类的模糊用语。直到德国数学家外尔斯

特拉斯创造了 ε—σ 语言，对极限作了精确的刻画，才真正消除了微积分基本概念的模糊性。

要掌握一个已经形成的科学概念，也需要一个过程。开始学习时，人们还不能全面而准确地理解概念的实质，难免产生某种似是而非的理解，出现与别的概念相混淆的现象。通常称这种现象为"概念模糊"，或者说他掌握的还是一个模糊概念。哲学上的物质概念指的是不依赖于主观意识而客观存在的一切事物。初学者常常把它同生活中或物理学中讲的物质概念相混淆，不承认物理实体之外的客观实在也属于哲学的物质范畴。这类概念模糊的现象，是我们学习任何科学概念都难于避免的。

传统观点就是在以上两种情形下谈论概念的模糊性的。两种理解都把模糊当作贬义词，把模糊概念当作非科学概念，并归咎于认识发展不充分。传统观点认为，科学概念必定是精确概念，消除模糊性，将模糊概念精确化，是概念发展的唯一正确方向。

但是，传统观点忽略了一个重要事实，即人们在日常工作和科学研究中大量使用另一类含义不精确的概念，如中年、优质、高频、大国等。中年代表怎样的年龄范围，多大频率才算高频，本身不存在完全客观的界限，无论认识活动怎样深入发展，都不能消除这些概念的模糊性。应当承认存在两类不同性质的模糊概念。前一类概念的模糊性来自主体认识发展的不充分性，经过主观努力能够转化为精确概念。后一类概念的模糊性来自对象本身，不可能因主体认识的深入而转化为精确概念。

模糊学重新评价模糊性，肯定后一类模糊概念也是一种科学概念。这首先在概念论中引进关于科学概念的新分类：清晰概念和模糊概念。概括反映事物清晰性的概念是清晰概念，概括反映事物模糊性的概念是模糊概念。两类概念都是反映事物及其属性的思维形式，各有其适用范围。在清晰概念中，那些能够给出定量化、形式化定义的，特别称为精确概念。应当对精确和准确加以区别。准确指的是主观认识与客观实际高度符合，不一定要求用数量化、形式化方法来描述。一般地说，准确比精确的含义更宽泛些。科学的精确概念(不包括那种形式上十分精确、但与客观实际没有任何联系的、纯粹人为的"精确"概念)必定是准确概念,准确的概念不一定是精确概念。科学的模糊概念也有一个准确理解的问题。

清晰概念和模糊概念的区分是相对的。有些概念,在某一层次上看是比较清晰的,在另一层次上看又可能是模糊的。为避免混淆,本书在未加特别声明的情况下提到的模糊概念,都指的是反映对象模糊性的概念。

7.2　模糊概念的结构、生成和分类

模糊概念要用模糊语词表述。每个模糊概念都有相应的语言形式,每个模糊语词都表示一定的模糊概念,但二者之间并不存在一一对应关系。

模糊概念是无数的。语言变量概念提供了剖析模糊概念结构的一把钥匙。每个语言变量,如年龄、身高、颜色、容貌等,都联系着一定的模糊概念系统。只须就这种系统来研究模糊概念的结构。

每个模糊概念系统都包含两类概念:基本模糊概念和合成模糊概念,分别对应于语言变量的基本语言值和合成语言值。一个系统中的基本概念是有限的、少量的(一个、两个或多个不等),合成概念是大量的,甚至是无限多的。如在关于年龄的模糊概念系统中,基本概念是"年轻"和"年老",其余的是合成概念。

有些特殊类型的模糊概念不能单独使用,它们的功能是与其他模糊概念毗连而合成新的模糊概念。一类是模糊否定词和模糊连接词表示的模糊概念,它们都是不能再分解的最小概念,但似乎不能看作某个语言变量的基本模糊概念。另一类是模糊限制词表示的概念,又可分为不同的概念系统。如"微""较""很""极"等限制词属于同一概念系统,主要作

用是与形容词合成新概念。“基本地”“主要地”“部分地”“相当地”等属于同一概念系统,主要作用是与动词合成新概念。

由于模糊概念和模糊语词之间的对应关系,6.3 节中讨论的合成模糊语言值的构成规则,也是合成模糊概念的构成规则,这里不再重述。在某些词前面毗连模糊性质形容词而构成的合成模糊词,也表示一定的合成模糊概念。以“胜”“败”为基本概念,可以构成“特大胜”“大胜”“中胜”“小胜”“险胜”“小败”“大败”“惨败”等合成模糊概念。在有关颜色的概念中,“深兰”“浅黄”“淡红”“大绿”等都是这样合成的模糊概念。

在某些模糊概念系统中,基本概念是精确的,合成概念却是模糊的。以精确数学概念“大于”“小于”为基本概念,可以生成“远远大于”“远大于”“明显大于”“略大于”“大约小于”“明显小于”“远小于”等等模糊概念。以“相等”为基本概念,可以生成“几乎相等”“大体相等”“或多或少相等”之类的模糊概念。有时候,“大于”“小于”“相等”也被模糊化,与数学中的概念有区别。

在一个语言变量 L 代表的模糊概念系统(也记作 L)中,由于合成方式不同,又形成许多不同层次的分系统。设系统 L 的基本模糊概念为 $A_1,A_2,\cdots A_n$。以 $A_i(i=1,2,\cdots,n)$ 与否定词、限制词构成的全体模糊概念的集合,记作 $L_{\underset{\sim}{A}_1}$是 L 中的一个极小分系统。n 个极小分系统 $L_{\underset{\sim}{A}_1}$,$L_{\underset{\sim}{A}_2},\cdots,L_{\underset{\sim}{A}_n}$的概念之间通过加连接词或其他手段,构成 L 中更高层次的复杂的分系统。区别这些分系统,对于研究模糊推理是有用的。

基本模糊概念是不能用其他概念按逻辑手段构成的概念。这些概念是人们在实践和认识活动中,通过对模糊事物进行分类而形成的。一个模糊概念概括反映一定的模糊事物类。如关于颜色的模糊概念系统中,基本概念是红、橙、黄、绿、青、蓝、紫七色,由人类长期的实践经验对可见光进行模糊分类而形成。医学中关于疾病类型的基本概念,气象学中关于气象类型的基本概念,都是通过模糊分类而产生的。

同一模糊概念系统中,基本概念的划分不是唯一的,可能因地域、民族、时代或具体环境的不同而有差别。英国人的基本颜色概念只有六个(不讲橙色)。基本概念划分的不唯一性,是模糊概念的特点之一。对事物作模糊分类以形成模糊概念,在不同的情况下,或采用两分法(好人与坏人,高个与矮个),或采用三分法(左派、中派、右派,上等、中等、下等,宇观、宏观、微观),或采用多相划分(如七色)。

对模糊事物进行模糊分类以形成基本模糊概念,是人类一直在使用的思维方法。但以往是凭经验进行的。模糊学试图给这种经验的方法以理论的总结提炼,制定科学的模糊分类方法,包括使用数学方法。第四章介绍的模糊聚类分析,就是一种尝试。

模糊概念也分性质概念和关系概念两类。前者概括反映一类事物具有的某种模糊属性,如"聪明""很细""特远"等。后者表示两个或两个以上的对象之间具有的某种模糊关系,如"略高于""同代""远亲"等。此外,扎德还提出按层次对模糊概念进行分类,以揭示不同概念在复杂性上的差别。

7.3 模糊概念的特征

传统概念论研究的是清晰概念,基本范畴是概念的内涵和外延。清晰概念的特点是有明确的外延,论域上的对象或者属于某个概念的外延,或者不属于它的外延,明确肯定。外延的分明性,表现内涵的确定性。清晰概念的内涵有多少之分,外延有宽窄之别。当外延扩大时,内涵就会减少一个或几个义项(对象的属性),叫作内涵外延的反比关系。

模糊概念的基本特征是没有明确的外延。任一模糊概念,论域上至少存在一些对象既不完全属于、又不完全不属于它的外延。对于同一概念系统 L 中的不同模糊概念,区分内涵的多少和外延的宽窄没有多大意义。模糊概念的外延一般由核心部分和边缘部分组成。在核心部分,可以看作是清晰概念。随着对象从核心部分向边缘部分扩展,内涵也跟着变化,但不是义项个数的减少,而是对象具有概念内涵所代表的属性的程度在降低。这是内涵外延反比关系在模糊概念中的特殊表现。

单独概念都是清晰概念,模糊概念都是普遍概念。比较地看,具体概念的模糊性小(甚至没有模糊性),抽象概念(抽象的精确概念除外)的模糊性大。工人、干部的模糊性小,好人、坏人的模糊性大;产业工人、政工干部要比一般的工人、干部的概念模糊性更小些。模糊性与清晰性总是在相互比较的意义上加以把握的。

我们把同一模糊概念系统中的基本概念联系起来作比较研究。取一种简单而典型的情况:论域 U 是一维的,用基本变量 x 的变化范围来表述。在不同情况下,x 代表不同的变量,可以是时间参数 t,也可以是性态参数如身高 h、头发根数 n、光波波长 λ 等。相应于 x 在 U 上的有序变化,论域上划分出若干基本模糊概念 $A_1,A_2,\cdots,A_n$。若基本变量为 t,则 A_i 代表事物发展过程中的不同阶段。就个人发展史而论,有婴儿、幼年、少年、青年、壮年、老年之分。就生物中马的进化史而论,有始祖马、新马、真马之分。若 x 代表某种性态参数,则 A_i 代表同类而性态有差别的事物子类。就身高论,人分为矮人、低个、中等个、高个、巨人。就头发根数论,有秃头与不秃之分。就光波波长论,可见光有七色之分。这些模糊概念的特点是:(1)从 A_1 到 A_n 是递进有序的,它们或者是在时间序列上前后相继,或者是在性态空间上左右并列,各代表具有一定质的事物;(2)对于任一 i,A_i 与 A_{i-1}和 A_{i+1}之间都存在着亦此亦彼的中介对象,彼此之间没有截然分明的界限。以 A_i 为例,U 中存在这样的 x,它既被 A_i 所概括,又被 A_i 的否定概念 A_i^c 所概括;(3)x 的每一微小变化都不会使 A_i 突然变为 A_{i-1},或 A_{i+1},但 x 的每一微小变化都改变着 x 属于 A_i 的程度,增加了从 A_i 变为 A_i^c 的可能性。这种概念的外延当然不可能是明确的。

传统概念论认为,属于概念外延的对象,都以同样的程度具有概念的内涵,概念自身是完全同一的,不包含任何差异和变化。概念 A 和它的矛盾概念非 A 之间没有任何同一性,对立是绝对的。模糊学的概念论认为,属于同一概念 A 的外延的不同对象在具有 A 的内涵的程度上存在差异和变化,概念 A 的自身同一是相对的。A 与非 A 的对立也是相对的。对于清晰概念 A,联言概念"A∩非 A"的外延为空集合,表示世界上不存在的事物。但联言模糊概念"A∩非 A"是有意义的,概括反映某一特定的模糊事物类。暖和寒是一对模糊矛盾概念。联言概念"暖∩寒",即所谓"乍暖还寒",刻画了一种特定的气候现象,有深刻的含义。宋代著名女诗人李清照用这个模糊联言概念生动逼真地刻画了早春季节暖中透寒的形象,准确地衬托出她内心世界的矛盾,历来为人们高度赞扬。模糊概念能表达一定的辩证思想,引人注目。

外延具有核心部分的概念叫作正则模糊概念,没有核心部分的叫作非正则模糊概念。核心部分由典型对象组成,完全具有概念的内涵,与清晰概念无异。对于正则模糊概念,常可在核心部分按清晰概念的规则界定它的内涵,具体应用概念时再扩展到边缘部分,区别不同对象具有内涵的不同程度。对于非正则模糊概念,有时按某种理想对象的属性确定其内涵。

给概念下定义的基本方法是属加种差。对于模糊概念,属下的种差是模糊的。代表模糊概念系统的语言变量(如颜色)是属概念,系统中的基本模糊概念(如七色)是种概念。相邻的种概念在内涵方面的差别,只能在相互比较的意义上加以区分和界定。传统逻辑视为禁律的循环定义,对于某些模糊概念是许可的,甚至可能是必要的。定义时间概念"现在",要用到时间概念"过去"和"未来",反之亦然。"中心"与"四周"也是相对而言的模糊概念。《辞海》中把"中心"定义为"与四周等距离的位置",实际上是借用了数学上的圆心概念,并非通常使用的中心概念。对"四周"则不予定义,因为"四周"是与"中心"等距离的位置,有循环定义之嫌。大量常用的模糊概念在《辞海》和一般词典中找不到,原因在于要避免循环定义。这是一种逃避矛盾的办法,并不足取。应当考虑模糊概念的特点。逻辑规则也是有条件的,在一种逻辑中不允许的规则,在另一种逻辑中可能是允许的,甚至是基本的。清晰概念在划分外延时要求子项互不相容,这一规则对模糊概念也不适用。当然,循环定义对于模糊概念也不可滥用。在什么范围内允许不同概念相互定义,哪些规则必须遵守,尚须研究。

7.4 模糊概念的数学描述

现代逻辑用集合表示概念的外延。一个清晰概念 A 的外延是一个普通集合:

$$A=\{x_1,x_2,\cdots,x_n\} \qquad (7.1)$$

或者更一般地,

$$A=\{x|P(x)\} \qquad (7.2)$$

P(x)是概念 A 所概括的对象属性。这种表示法隐含着一个假定:包含在外延集合 A 中的所有对象都百分之百地具有概念的内涵 P,彼此间没有任何程度上的差别。一个概念的外延确定了,它的内涵也就被限定了。只要用集合表示出概念的外延,不管它的内涵如何,就可以用形式化、数学化的方式研究有关的命题和推理。数理逻辑的发展充分显示出这种方法是强有力的。

模糊学家也希望用集合表示模糊概念。由于模糊概念的内涵和外延都不明确,用模糊集合表示最为贴切。一个性质模糊概念 $\underset{\sim}{A}$ 可以表示为:

$$\underset{\sim}{A}=\frac{\mu_1}{x_1}+\frac{\mu_2}{x_2}+\cdots+\frac{\mu_n}{x_n} \tag{7.3}$$

或者更一般地

$$\underset{\sim}{A}=\int_U\frac{\mu(x)}{x} \tag{7.4}$$

其中,分母中的 x 代表论域上的对象,是表现概念外延的;分子记该对象具有 $\underset{\sim}{A}$ 这种模糊属性的程度,是表现概念内涵的。模糊集合从内涵和外延的对应关系中描述概念,将内涵和外延统一在同一个数学实体中,这是一个重要特点。用模糊集合刻画模糊概念,着眼于表现内涵在论域上的分布,亦即强调论域上不同对象具有 A 这种属性的程度差异和变化。

例　设论域 U = {1,2,3,4,5}。U 上模糊概念“大”和“小”的集合描述取:

$$\underset{\sim}{B}\triangleq 大=\frac{0.1}{3}+\frac{0.6}{4}+\frac{1}{5} \tag{7.5}$$

$$\underset{\sim}{S}\triangleq 小=\frac{1}{1}+\frac{0.6}{2}+\frac{0.1}{3} \tag{7.6}$$

年轻 $\underset{\sim}{Y}$ 和年老 $\underset{\sim}{O}$ 是无限论域上模糊概念的集合描述的例子。

有些模糊概念适于用模糊数或其他特殊类型的模糊集合来描述。

正则模糊集合表示的是正则模糊概念。每个概念系统中的基本模糊概念,一般应是正则的模糊概念。合成概念中有许多概念是非正则的。

清晰概念的相互关系用文氏图表示。模糊集合用隶属函数来定义,模糊概念的相互关系要复杂得多,不能用文氏图表示,要用隶属函数的图形作比较。以下三种情形是基本的、常见的。

$$交叉关系\qquad \mathrm{Sup}\,\underset{\sim}{A}\cap \mathrm{Sup}\,\underset{\sim}{B}\neq\phi \tag{7.7}$$

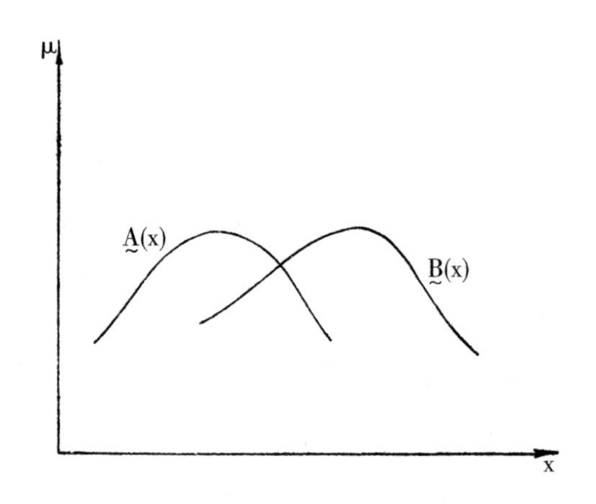

图 7－1 交叉关系

任何模糊概念 $\underset{\sim}{A}$ 和它的矛盾概念非 $\underset{\sim}{A}$（记作 $\underset{\sim}{A}^{c}$）都是交叉关系。不同的颜色概念也是交叉关系。

$$\text{包含关系} \quad A \subset B \tag{7.8}$$

对于任一模糊集合 $\underset{\sim}{A}$，都有

$$H_{\frac{1}{4}}\underset{\sim}{A} \supseteq H_{\frac{1}{2}}\underset{\sim}{A} \supseteq \underset{\sim}{A} \supseteq H_{2}\underset{\sim}{A} \supseteq H_{4}\underset{\sim}{A} \tag{7.9}$$

$$\text{分离关系} \quad \text{Sup } \underset{\sim}{A} \cap \text{Sup } \underset{\sim}{B} = \phi \tag{7.10}$$

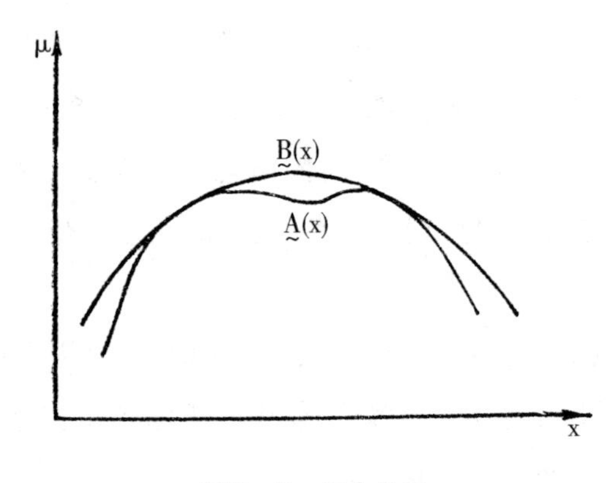

图 7－2 包含关系

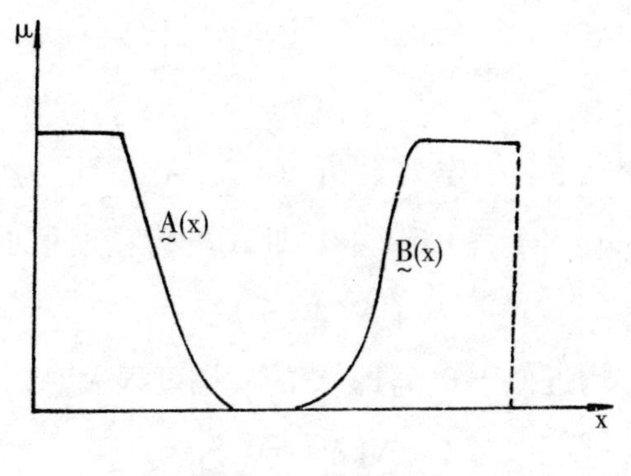

图 7－3　分离关系

3.5 节提出把模糊集合作为模糊向量来处理,特别适用于描述模糊概念。有限论域上的性质模糊概念就是一个模糊向量。例如,(7.5)和(7.6)可表示为:

$$\underset{\sim}{B}=(0,0,0.1,0.6,1) \tag{7.11}$$

$$\underset{\sim}{S}=(1,0.6,0.1,0,0) \tag{7.12}$$

可以用模糊向量的内积表示共论域的两个模糊概念之间的相关程度。[55] 仍讨论上述论域,除 $\underset{\sim}{B}$、$\underset{\sim}{S}$ 外,还有:

$$H_2\underset{\sim}{B}(\text{很大})=(0,0,0.01,0.36,1) \tag{7.13}$$

$$H_{\frac{1}{2}}\underset{\sim}{B}(\text{较大})=(0,0,0.32,0.71,1) \tag{7.14}$$

$$H_2\underset{\sim}{S}(\text{很小})=(1,0.36,0.01,0,0) \tag{7.15}$$

$$H_{\frac{1}{2}}\underset{\sim}{S}(\text{较小})=(1,0.71,0.32,0,0) \tag{7.16}$$

于是有 $\underset{\sim}{B}\cdot\underset{\sim}{S}=0.1$, $(H_2\underset{\sim}{B})\cdot(H_2\underset{\sim}{S})=0.01$, $(H_{\frac{1}{2}}\underset{\sim}{B})\cdot(H_{\frac{1}{2}}S)=0.32$,分别表示大与小、很大与很小、较大与较小的相关程度,接近于我们的直观理解。这表明向量内积能够提供不同模糊概念相互关系的某些信息。

为比较模糊集合而提出来的贴近度概念,可用于比较模糊概念相互接近的程度。若模糊概念 $\underset{\sim}{A}$ 与 $\underset{\sim}{B}$ 是相互分离的,则有:

$$(\underset{\sim}{A},\underset{\sim}{B})=0 \tag{7.17}$$

直观地看,任一模糊概念 $\underset{\sim}{A}$ 与自身应是最贴近的。当 A 为清晰概念时,

易证

$$(A,A)=1 \tag{7.18}$$

对于真模糊概念 $\underset{\sim}{A}$,不一定要贴近度$(\underset{\sim}{A},\underset{\sim}{A})$严格为 1。设 $\underset{\sim}{A}=(a_1,a_2,\cdots,a_n)$。当 $\max a_i\approx1$ 且 $\min a_i\approx0$,即 $\underset{\sim}{A}$ 的模糊度很小时,有

$$(\underset{\sim}{A},\underset{\sim}{A})\approx1 \tag{7.19}$$

当 $\max a_i$ 和 $\min a_i$ 均近似于 0.5,即 $\underset{\sim}{A}$ 的模糊度很大时,有

$$(\underset{\sim}{A},\underset{\sim}{A})\approx0.5 \tag{7.20}$$

(7.20)反映概念 $\underset{\sim}{A}$ 自身的不确定性很大。上例提到的 $\underset{\sim}{B}$ 和 $\underset{\sim}{S}$ 是一对相反概念,贴近度理应很小,但计算得:

$$(\underset{\sim}{B},\underset{\sim}{S})=0.5 \tag{7.21}$$

与直观不大相符。这表明贴近度定义(5.31)不完善,用贴近度比较概念还不是很有力的。

一个概念系统中基本概念 $\underset{\sim}{A}_1,\underset{\sim}{A}_2,\cdots,\underset{\sim}{A}_n$ 的划分应遵循一定的原则。例如,应满足

$$\mathrm{Ker}\underset{\sim}{A}_i\cap\mathrm{Ker}\underset{\sim}{A}_j=\phi,\quad i\neq j \tag{7.22}$$

$$(\underset{\sim}{A}_i,\underset{\sim}{A}_j)<\frac{1}{2},\quad i\neq j \tag{7.23}$$

模糊关系概念用模糊关系作定量描述。取 $U=\{1,2,3,4\}$,$U\times U$ 上的模糊关系"近似相等"和"远大于"分别表示为:

$$\approx(\text{近似相等})=\begin{bmatrix}1 & 0.5 & 0 & 0\\0.5 & 1 & 0.5 & 0\\0 & 0.5 & 1 & 0.5\\0 & 0 & 0.5 & 1\end{bmatrix} \tag{7.24}$$

$$\gg(\text{远大于})=\begin{bmatrix}0 & 0 & 0 & 0\\0 & 0 & 0 & 0\\0.5 & 0 & 0 & 0\\1 & 0.5 & 0 & 0\end{bmatrix} \tag{7.25}$$

7.5 模糊概念的算法定义

扎德于1973年提出模糊算法概念。[49]按照他的定义,一个模糊算法是一个模糊指令集合。执行某个特定问题的算法,将获得关于那个问题的近似解。模糊指令有三种类型:

(1)模糊赋值语句。如“x近似于5”,“y不很大但也不很小”。

(2)模糊条件语句。如“若x大则y小,否则y不小”,“若x比10大得多,则停”。

(3)非条件动作语词。如“稍稍减小x”,“y自乘若干次”。

一个模糊算法中允许包括一部分非模糊的指令。

扎德提出四类模糊算法:模糊定义算法、模糊生成算法、模糊关系的与行为的算法,模糊决策算法。四类算法各有自己的应用范围。这里只介绍第一类。所谓模糊定义算法,是指一个模糊指令的有限集合,它的作用是借助于一些给定的模糊集合(概念)定义某个特定的模糊集合(概念);或者是构成一个计算程序,据之确定论域上每个元素对该模糊集合的隶属度。扎德用模糊算法定义模糊椭圆如下:

对于一条待检验的曲线T,执行模糊算法:

(1)若T非封闭曲线,则T非椭圆,停;

(2)若T自交,则T非椭圆,停;

(3)若T非凸的曲线,则T非椭圆,停;

(4)若T无两个或多或少正交的对称轴,则T非椭圆,停;

(5)若T的主轴不比次轴更长,则T非椭圆,停;

(6)T是椭圆,停。

上述算法近似等于表达式:

椭圆 = 封闭的 $\cap$ 非自交的 $\cap$ 凸的 $\cap$ 两个或多或少正交的对称轴 $\cap$ 主轴较长

从这个例子看到,模糊算法的主要功能是将新的、复杂的或难下定义的模糊概念转化为较简单的或较易理解的模糊概念。扎德认为,模糊算法最适于给那些本质上模糊的、即模糊到不能用非模糊概念逼近的模糊概念下定义。他认为法律学上的精神错乱症,系统理论中的大尺度、可靠性,数值分析中的稀疏矩阵等,都属于这类概念。一些目前仍用非模糊方法下定义的概念,进一步研究有可能发现用模糊算法来定义更为恰当。

7.6 模糊概念的功能

人类使用的概念中绝大部分是模糊概念。这一事实足以表明模糊概念对于人的思想和行为的巨大作用。但科学发展中总是存在一股要把一切概念精确化的潮流。持这种主张的人看到了,在现实世界中有许多问题,如物体的长度、轻重、颜色,人的年龄、身高等,人们既使用模糊概念表述,又使用精确的定量概念(如长度)来表述。他们对于这种情况感到不能容许。既然有了长度、重量、波长这类可以精确测量和计算的概念,为什么还要使用很长或较短、有点重和不太轻、浅黄和浓绿这类模糊概念呢?废除所有模糊概念,一切都只许使用精确的、定量的概念,岂不是更加科学吗?我们已经多次批评过这种主张,本节将进一步分析他们的失误之处。

首先,在现实世界存在的各种对象中,上述能够进行精确测量计算的问题只是一部分,甚至是一小部分。它们就是第一类语言变量描述的对象。而大量的问题是用第二类语言变量描述的,不存在可以精确测量计算的基本变量。军队的士气,学生的品德,国家的科技水平,人民的文化程度,都不能用类似长度、速度之类精确概念来描述,唯一可供使用的是模糊概念。越复杂的问题,越需要使用模糊概念。在这种对象领域内废弃模糊概念,无异于取消人们的思考和行动的能力。

其次,在那些有精确定义的基本变量的对象领域中,也不能只使用精确概念。在这类问题中,基本变量的变化范围就是论域。精确的定量概念长度、波长、速度等是刻画事物的量变的。量的变化总要引起质的变化。在量变引起事物根本质变之前,事物要经历若干部分质变。在以时间为基本变量的情形下,事物从此一过程向彼一过程推移转变时,总要经历若干发展阶段,即若干阶段性部分质变。在以性态参数为基本变量的情形下,根本质变发生之前必然要经历若干局部性部分质变。部分质变是个模糊概念,同一过程的部分质变之间没有明确的分界线,表现这些部分质变的概念都是模糊概念。20 岁、40 岁、60 岁,这些精确概念不能反映部分质变,青年、中年、老年等模糊概念才能反映部分质变。概括反映部分质变是模糊概念的重要功能,精确的定量概念无此功能。人们在思考和行动中要处理的问题大量涉及部分质变,因而必须使用模糊概念。假如我们规定,在讲到光(颜色)的问题时,只许使用波长之类精确概念,不许使用红、黄之类模糊概念;在讲到年龄问题时,只许说多少岁,不许说较年轻、非常老等;那么,人的思维活动、人与人的思想交流将会贫乏到何等地步,是不难设想的。

前面说过,模糊概念便于表达某些辩证思维。截集概念表明,一个模糊概念可以用一个清晰概念簇来逼近,即用外延可变的运动概念簇来逼近。一个模糊拓朴可看作带有参数 λ 的普通拓朴簇。一个模糊群可看作带有参数 λ 的普通群簇。这种以运动观点刻画概念的方法,在数学以外的学科中同样可行。在概念的描述中引进运动的观点,可能是在概念论中引入辩证法的新途径。[34]

模糊性中包含主观性,使模糊概念具有表达人的主观情绪和愿望、使人能够灵活地处理问题的特殊功能。这在文学艺术创作和欣赏中、在领导艺术和管理艺术中都有显著作用。7.1 节提到的前一类模糊概念,在人的思维中也起重要作用。关于这些方面,我们将在以后作进一步阐述。

7.7 模糊概念与辩证法

恩格斯在论及辩证法与形而上学的区别时曾指出,前者的范畴是流动的,后者的范畴是固定的。范畴的流动性的一种表现是范畴的历史性,另一种表现是范畴的模糊性(外延的不分明性)。承认范畴外延的模糊性、不固定性,是灵活地使用范畴的哲学依据。我们常说要辩证地看问题,防止绝对化和片面化。看问题绝对化的一个重要表现,就是不承认模糊概念的模糊性。

唯物论与唯心论是根本对立、界限分明的。但唯物论者和唯心论者作为类概念,都是模糊概念,外延为模糊集合。一个具体的哲学家,多半不能做要么完全是唯物论者、要么完全是唯心论者的简单结论,应当具体分析,要在不同程度上加以区分。拿 18 世纪西欧哲学家来说,狄德罗算典型的唯物论者(不讨论他的历史观),达朗贝尔的唯物论就不那么彻底,有不可知论的倾向。贝克莱是十足的唯心论者,但康德承认"自在之物",唯心论的程度要小于贝克莱。有些哲学家在某些问题上有明显的唯心论观点,在另一些问题上又有明显的唯物论观点。承认这种模糊性,反对简单化的一刀切和贴标签,是符合辩证法要求的。

马克思主义是一个有明确内涵的概念。但现实生活中的马克思主义者构成的却是一个模糊集合。不同人属于马克思主义者的程度是不同的。从非马克思主义者到马克思主义者形成一种逐步过渡的序列,有的人开始接触马克思主义,有的人学到了一些马克思主义,有的人基本上是马克思主义者,有的人是伟大的马克思主义者。但是要求伟大马克思主义者没有缺点错误那不是马克思主义,对于他们也应坚持一分为二的科学态度。因此,全体马克思主义者构成的是一个非正则模糊集合。

思考与练习题

1. 试给出模糊圆的算法定义。
2. 什么是模糊概念?
3. 模糊概念的重要意义何在?

第八章　模糊命题

现代科学对模糊性的研究,开始于罗素和布兰克的工作。由于缺乏描述和处理模糊性的得力概念,他们的工作并未导致新逻辑理论的出现。逻辑学界的注意力转向其他方面。模糊集合论的出现,重新激起人们研究与模糊性有关的逻辑问题的热情。1966 年,马利诺首先提出模糊逻辑的概念。[21] 1969 年,哥根研究了不确切概念的逻辑问题。[7] 1972 年至 1974 年,扎德先后提出了模糊限制词、语言变量、语言真值、近似推理等关键性概念,制定了模糊推理的复合规则,奠定了模糊逻辑的基础。这些工作标志着模糊逻辑作为一个新的研究领域初步开拓出来了。

8.1　什么是模糊逻辑

关于什么是模糊逻辑,模糊学界尚无统一的理解。这反映了模糊逻辑的历史还很短,研究尚不深入。另一方面,模糊逻辑是一种非标准逻辑,模糊性是一种不确定性,不同的研究者针对不同的背景,使用不同的术语和方法,探讨有关模糊性的逻辑规律,对模糊逻辑下不同的定义,这是很自然的。英国学者盖因斯认为,我们不需要一个统一的模糊逻辑作为关于含混命题的模糊推理的基础,甚至我们还不知道是否应该有一个

统一的模糊逻辑。[6]他认为,出现在文献中的模糊逻辑至少有以下三种:

第一,模糊逻辑是关于使用含混的或不精确的命题进行推理的基础;

第二,模糊逻辑是按模糊集合论将逻辑结构模糊化,作为使用不精确命题进行推理的基础;

第三,模糊逻辑是一种真值域为[0,1]区间、析取和合取分别按取最大值和最小值定义的多值逻辑。

这些不同的定义也有共同之处。在更广泛的意义上理解,模糊逻辑是研究有关模糊概念、模糊判断和模糊推理的逻辑规律的学科。目前最有效的工具是扎德的模糊集合论。我们这里介绍的模糊逻辑,就是以模糊集合论为基本工具,研究模糊概念、判断和推理的有关逻辑规律的学科。

模糊逻辑是随着模糊学在逻辑领域中的应用而形成的,但它与精确逻辑(包括多值逻辑和数理逻辑)有密切联系。模糊逻辑的研究课题,使用的概念、术语和方法,大多数是从精确逻辑中借用过来并加以模糊化而形成的。在这个意义上讲,没有精确逻辑,就不会有模糊逻辑。但是,既然模糊逻辑把被精确逻辑排除于逻辑研究对象之外的模糊性作为研究对象,必然产生自己特有的(即在传统逻辑中没有对应物的)课题、概念、术语和方法。我们从扎德的工作中已经可以察觉到这一发展趋势。随着这个领域工作的深入展开,模糊逻辑特有的面貌将逐步展现出来。

逻辑领域的模糊性,主要表现在四个层次上:第一,命题成分的模糊性,即谓词的模糊性和量词的模糊性;第二,命题复合运算的模糊性,即逻辑联结词的模糊性;第三,命题真值的模糊性;第四,推理规则的模糊性。目前,对于这四个方面的模糊性都进行了一定的研究,取得一些理论成果和方法。本章讨论有关前三种模糊性的逻辑问题,下一章介绍有关推理规则模糊性的逻辑理论。

8.2 简单模糊命题

一个简单命题可以形式地表示为“p $\triangleq$ x 是 A”。x 为个体变元,A 是谓词,A 表示 x 具有的某种属性。若 A 为清晰概念,则 p 为清晰命题。“2 是偶数”,“爱因斯坦是犹太人”,就是这类命题。若谓词是模糊概念 $\underset{\sim}{A}$,代表对象 x 具有的一种模糊属性,则称“$\underset{\sim}{P} \triangleq$ x 是 $\underset{\sim}{A}$”为模糊命题。“王刚很年轻”,“这项计划充分可靠”,“中年知识分子是骨干力量”,“前途美好”,“风景秀丽”,都是模糊命题。一个命题可以解释为一个赋值方程。例如,上面提到的几个命题可以写成如下赋值方程:

奇偶性(2) = 偶数,

民族(爱因斯坦) = 犹太,

年龄(王刚) = 很年轻,

可靠性(这项计划) = 充分可靠。

一般地,设 L 是语言变量,A 或 $\underset{\sim}{A}$ 是 L 的语言值,命题“x 是 $\underset{\sim}{A}$(或 A)”可写成赋值方程:

$$L(x) = \underset{\sim}{A}(\text{或 } A) \tag{8.1}$$

(8.1)的意思是,把 $\underset{\sim}{A}$(或 A)作为一个值赋予语言变量 L,L 表示对象 x 具有的某种属性。在讨论模糊命题的数学表示时,把命题解释为赋值方程有方便之处。

模糊命题也有性质命题和关系命题之别。上述几例均为模糊性质命题。“x 是 $\underset{\sim}{A}$”断定的是“x 具有模糊属性 $\underset{\sim}{A}$”,可记作 $\underset{\sim}{A}[x]$。注意 $\underset{\sim}{A}[x]$ 不同于模糊集合的隶属函数 $\underset{\sim}{A}(x)$。“爱因斯坦和罗素是同代人”,“100 比 1 大得多”,(北京的)“前门大约位于东单和西单之间”,都是模糊关系命题。前二例是二元模糊关系,记作 $x\underset{\sim}{R}y$,x 是关系前项,y 是关系后项,$\underset{\sim}{R}$

是关系项。$x\underset{\sim}{R}y$ 表示 x 和 y 具有模糊关系 $\underset{\sim}{R}$。x 的取值范围叫作关系前域,y 的取值范围叫作关系后域。$\underset{\sim}{R}$ 就是从关系前域到关系后域的一个模糊关系。第三例是三元模糊关系命题。本书只讨论二元模糊关系命题。

模糊谓词用模糊集合来刻画。命题"x 是 $\underset{\sim}{A}$"可表述为"x 属于模糊集合 $\underset{\sim}{A}$"。相应地,(8.1)可表述为把模糊集合 $\underset{\sim}{A}$ 作为一个值赋予语言变量 L,表示对于 x 具有属性 L 的一种模糊限制。用模糊集合表示模糊谓词,就给命题的数量化、形式化描述提供了可能。用集合表示概念的优越性,我们从数理逻辑中看得很明显。对于模糊逻辑也具有重要意义。

8.3　数值真值

任何命题都存在判定真假的问题。一个清晰命题非假即真,非真即假,可作明确的断定。模糊命题不能这样简单地断定。模糊逻辑承认不同命题的真假性有程度上的差别,即承认命题真值有量的规定性。设张龙 28 岁,赵虎 30 岁,则命题"$\underset{\sim}{p}$ ≜ 张龙是青年"和"$\underset{\sim}{q}$ ≜ 赵虎是青年"既非完全真,也非完全假,而且 $\underset{\sim}{p}$ 和 $\underset{\sim}{q}$ 的真实性也有程度上的差别,$\underset{\sim}{p}$ 的真实性显然要比 $\underset{\sim}{q}$ 的真实性高一些。

承认命题的真假性有程度上的差别,就要求制定对命题真假性作定量刻画的方法。数理逻辑用 1 表示真命题,0 表示假命题,原是一种形式化表示,并无量的含义。但是,若以 1 表示全真命题的真实程度,0 表示全假命题的真实程度,以介于 0 和 1 之间的实数表示不全真也不全假的命题的真实程度,真实程度较高的命题对应于较大的实数,那么,我们就建立起对模糊命题真实程度的定量刻画。以 v 表示模糊命题的真实程度,便有:

$$0 \leqslant v \leqslant 1 \tag{8.2}$$

数值 v 是对逻辑范畴“真值”的定量刻画，叫作命题的数值真值。实区间 $V=[0,1]$ 叫作命题的真值域，简称真域。二值逻辑以 $V=\{0,1\}$ 为真域，可以看作模糊逻辑的特殊情形。多值逻辑也可以看作模糊逻辑的特殊情形。从这方面看，模糊逻辑是一种连续无穷值逻辑，因而是从二值逻辑、三值逻辑、多值逻辑到离散无穷值逻辑的一种自然的推广。

以 v(p) 记模糊命题“ $\underset{\sim}{p} \triangleq x$ 是 A”的数值真值。上节给出了命题的语言陈述和集合陈述的对应关系。模糊集合的隶属度就是一种逻辑真值。“元素 x 对模糊集合 $\underset{\sim}{A}$ 的隶属程度”与“命题‘ $\underset{\sim}{p} \triangleq x$ 是 A’的真实程度”，这两种陈述表现的是同一内容。因此，可以规定命题“ $\underset{\sim}{p} \triangleq x$ 是 $\underset{\sim}{A}$”的真实程度就是元素 x 对集合 $\underset{\sim}{A}$ 的隶属度，即：

$$v(\underset{\sim}{p}) = \mu_{\underset{\sim}{A}}(x) \tag{8.3}$$

或者

$$v(\underset{\sim}{p}) = \mu_{\underset{\sim}{A}}(x) \tag{8.4}$$

例如，仍取 $\underset{\sim}{p} \triangleq$ 张龙是青年，$\underset{\sim}{q} \triangleq$ 赵虎是青年，则有：

$$v(\underset{\sim}{p}) = \mu_{\underset{\sim}{Y}}(28) = 0.7$$

$$v(\underset{\sim}{q}) = \mu_{\underset{\sim}{Y}}(30) = 0.5$$

当 x 遍取论域 U 中的所有元素时，(8.3) 把命题变元 p 的数值真值表示为一个模糊集合。当 U 为有限论域时，命题变元 $\underset{\sim}{p}$ 的数值真值用一个模糊向量表示。用模糊向量表示模糊命题，对于讨论模糊推理是方便的。

模糊关系命题的数值真值用模糊关系来定量刻画。在论域有限时，模糊关系命题的数值真值用模糊矩阵表示。这在模糊推理的定量描述中起着重要作用。

8.4　模糊逻辑联结词　复合模糊命题

在模糊逻辑中，作为一类逻辑常项的基本逻辑联结词，与数理逻辑一样，也是五个：

联结词		记号	例	读法
否定词	非	$\neg$	$\neg\underset{\sim}{A}$	非 $\underset{\sim}{A}$
折取词	或	$\vee$	$\underset{\sim}{A}\vee\underset{\sim}{B}$	$\underset{\sim}{A}$ 或 $\underset{\sim}{B}$
合取词	且	$\wedge$	$\underset{\sim}{A}\wedge\underset{\sim}{B}$	$\underset{\sim}{A}$ 且 $\underset{\sim}{B}$
蕴涵词	如果…则…	$\rightarrow$	$\underset{\sim}{A}\rightarrow\underset{\sim}{B}$	如果 $\underset{\sim}{A}$ 则 $\underset{\sim}{B}$
等值词	等值于	$\leftrightarrow$	$\underset{\sim}{A}\leftrightarrow\underset{\sim}{B}$	$\underset{\sim}{A}$ 等于 $\underset{\sim}{B}$

这些连接词均已模糊化，涵义与数理逻辑不同。例如，模糊否定词“非”，似非而不是严格的非，又否定又不完全否定。其余几个连接词亦同。

上述五个连接词代表模糊命题之间的五种逻辑运算。由一个或几个给定的模糊命题（叫作支命题），经过这种运算中的一种或几种作用而得到的新命题，叫作复合模糊命题。模糊命题的复合规则规定了由支命题的数值真值计算合命题的数值真值的方法。设 $\underset{\sim}{p}\triangleq x$ 是 $\underset{\sim}{A}$，$\underset{\sim}{q}\triangleq y$ 是 $\underset{\sim}{B}$，其数值真值分别为 $v(\underset{\sim}{p})$ 和 $v(\underset{\sim}{q})$，则有：

1. **否定**　$\underset{\sim}{p}$ 的否定命题 $\neg\underset{\sim}{p}$ 也是模糊命题，且

$$v(\neg\underset{\sim}{p})=1-v(\underset{\sim}{p}) \tag{8.5}$$

2. **析取**　$\underset{\sim}{p}$ 与 $\underset{\sim}{q}$ 的析取命题 $\underset{\sim}{p}\vee\underset{\sim}{q}$ 还是模糊命题，且

$$v(\underset{\sim}{p}\vee\underset{\sim}{q})=v(\underset{\sim}{p})\vee v(\underset{\sim}{q}) \tag{8.6}$$

例 1　设 $\underset{\sim}{p}\triangleq$ 刘杰身体不适，$\underset{\sim}{q}\triangleq$ 刘杰太忙。已知 $V(\underset{\sim}{p})=0.8$，$v(\underset{\sim}{q})=0.5$，则用命题“$\underset{\sim}{r}=\underset{\sim}{p}\vee\underset{\sim}{q}$”来解释刘杰失约的原因，其真实程度

为 $v(\underset{\sim}{r})=0.8\vee 0.5=0.8$。

3. **合取** $\underset{\sim}{p}$ 与 $\underset{\sim}{q}$ 的合取命题 $\underset{\sim}{p}\wedge\underset{\sim}{q}$ 也是模糊命题,且

$$v(\underset{\sim}{p}\wedge\underset{\sim}{q})=v(\underset{\sim}{p})\wedge v(\underset{\sim}{q}) \tag{8.7}$$

例 2 设 $\underset{\sim}{t}\triangleq$明天天晴,$\underset{\sim}{s}\triangleq$明天有小阵雨,且 $V(\underset{\sim}{p})=0.9$,$v(\underset{\sim}{s})=0.2$,则复合命题"$\underset{\sim}{u}\triangleq$明天天晴且有小阵雨"的真值为 $v(\underset{\sim}{u})=0.9\wedge 0.2=0.2$。

注意,当 $0<V(p)<1$ 时,据(8.5)、(8.6)、(8.7),有:

$$v(\underset{\sim}{p}\vee\neg\underset{\sim}{p})=v(\underset{\sim}{p})\vee v(\neg\underset{\sim}{p})<1 \tag{8.8}$$

$$v(\underset{\sim}{p}\wedge\neg\underset{\sim}{p})=v(\underset{\sim}{p})\wedge v(\neg\underset{\sim}{p})>0 \tag{8.9}$$

(8.8)表明,排中律在模糊逻辑中不成立,在命题 $\underset{\sim}{P}$ 和它的否定命题 $\neg\underset{\sim}{P}$ 之间,还存在别的命题。(8.9)表明,矛盾律在模糊逻辑中也不成立,一个命题和它的否定命题构成的合取命题不一定是假命题。这是模糊逻辑有别于传统逻辑的重要特点。

4. **蕴涵** 普通逻辑用$(p\to q)$形式地表示蕴涵,前件 p 和后件 q 均为清晰命题。如果前件或后件至少一个是模糊命题,便是模糊蕴涵。若甲学识渊博,则甲是教授$(\underset{\sim}{p}\to q)$;若乙是教授,则乙学识渊博$(p\to\underset{\sim}{q})$;若读书多,则学问大$(\underset{\sim}{p}\to\underset{\sim}{q})$,都是模糊蕴涵命题。我们只讨论前后件都模糊的情形。

模糊蕴涵有不同的定义,规定了由 $v(\underset{\sim}{p})$ 和 $v(\underset{\sim}{q})$ 计算 $v(\underset{\sim}{p}\to\underset{\sim}{q})$ 的不同公式。按不同方式定义的$(\underset{\sim}{p}\to\underset{\sim}{q})$,对应着不同的逻辑系统。常见的定义有:

$$(1)\ v(\underset{\sim}{p}\to\underset{\sim}{q})=(v(\underset{\sim}{p})\wedge v(\underset{\sim}{q}))\vee(1-v(\underset{\sim}{p})) \tag{8.10}$$

$$(2)\ v(\underset{\sim}{p}\to\underset{\sim}{q})=1\wedge(1-v(\underset{\sim}{p})+v(\underset{\sim}{q})) \tag{8.11}$$

$$(3)\ v(p\to\underset{\sim}{q})=\begin{cases}1, 当\ v(\underset{\sim}{p})\leqslant v(\underset{\sim}{q})\\ v(\underset{\sim}{q}), 当\ v(\underset{\sim}{p})>v(\underset{\sim}{q})\end{cases} \tag{8.12}$$

本书采用定义(8.10)。

模糊蕴涵"若 x 是 $\underset{\sim}{a}$,则 y 是 $\underset{\sim}{b}$",代表一个模糊关系 $\underset{\sim}{R}$。对于每个有序对 $<x,y>$,存在一个确定的数 $v(\underset{\sim}{p}\rightarrow\underset{\sim}{q})$,代表 $<x,y>$ 对 $\underset{\sim}{R}$ 的隶属度。反之,一个模糊关系 $\underset{\sim}{R}$ 可以代表一个模糊蕴涵。特别地,一个模糊矩阵代表有限论域上的模糊蕴涵,矩阵的元素 r_{ij} 代表在个体变元为 x_i 和 y_j 时蕴涵命题($\underset{\sim}{p}\rightarrow\underset{\sim}{q}$)的数值真值。在模糊命题演算和推理中,用模糊矩阵表示蕴涵($\underset{\sim}{p}\rightarrow\underset{\sim}{q}$)是方便的。

例 3　设 $U=\{1,2,3,4,5\}$,$(\underset{\sim}{p}\rightarrow\underset{\sim}{q})\triangleq$ x 小则 y 大,模糊集合 $\underset{\sim}{A}$ 和 $\underset{\sim}{B}$ 分别代表"小"和"大":

$$\underset{\sim}{A}=(1,0.5,0,0,0)$$

$$\underset{\sim}{B}=(0,0,0,0.5,1)$$

$\underset{\sim}{p}$、$\underset{\sim}{q}$ 是论域 U 上的命题变元,当 x、y 在 U 中取不同值时构成不同的模糊命题。$v(\underset{\sim}{p})=\underset{\sim}{A}(x)$,$v(\underset{\sim}{q})=\underset{\sim}{B}(y)$,$v(\neg\underset{\sim}{p})=1-\underset{\sim}{A}(x)$。按(8.10)计算得模糊矩阵:

$$\underset{\sim}{R}=v(\underset{\sim}{p}\rightarrow\underset{\sim}{q})=\begin{bmatrix}0 & 0 & 0 & 0.5 & 1\\0.5 & 0.5 & 0.5 & 0.5 & 0.5\\1 & 1 & 1 & 1 & 1\\1 & 1 & 1 & 1 & 1\\1 & 1 & 1 & 1 & 1\end{bmatrix}\qquad(8.13)$$

同理,当个体变元 x、y 遍取 U 中各元素时,$\underset{\sim}{P}\vee\underset{\sim}{q}$ 和 $\underset{\sim}{P}\wedge q$ 也是二元模糊关系。

5. 等值　模糊命题 $\underset{\sim}{p}$ 等值于 $\underset{\sim}{q}$($\underset{\sim}{p}\leftrightarrow\underset{\sim}{q}$),定义为 $\underset{\sim}{p}$ 蕴涵 $\underset{\sim}{q}$ 并且 $\underset{\sim}{q}$ 蕴涵 $\underset{\sim}{p}$,即:

$$\underset{\sim}{p}\leftrightarrow\underset{\sim}{q}\rightleftharpoons(\underset{\sim}{p}\rightarrow\underset{\sim}{q})\wedge(\underset{\sim}{q}\rightarrow\underset{\sim}{p})\qquad(8.14)$$

与二值逻辑类似,模糊集合的运算律都可以翻译成模糊逻辑中相应的运算律。

$$v(\underset{\sim}{p} \vee \underset{\sim}{p}) = v(\underset{\sim}{p}) \tag{8.15}$$

$$v(\underset{\sim}{p} \wedge \underset{\sim}{p}) = v(\underset{\sim}{p}) \tag{8.16}$$

$$v(\underset{\sim}{p} \vee \underset{\sim}{q}) = v(\underset{\sim}{q} \vee \underset{\sim}{p}) \tag{8.17}$$

$$v(\underset{\sim}{p} \wedge \underset{\sim}{q}) = v(q \underset{\sim}{\wedge} \underset{\sim}{p}) \tag{8.18}$$

$$v[(\underset{\sim}{p} \vee \underset{\sim}{q}) \vee \underset{\sim}{r}] = v[\underset{\sim}{p} \vee (\underset{\sim}{q} \vee \underset{\sim}{r})] \tag{8.19}$$

$$v[(\underset{\sim}{p} \wedge \underset{\sim}{q}) \wedge \underset{\sim}{r}] = v[\underset{\sim}{p} \wedge (\underset{\sim}{q} \wedge \underset{\sim}{r})] \tag{8.20}$$

$$v[\underset{\sim}{p} \vee (\underset{\sim}{q} \wedge \underset{\sim}{r})] = v[(\underset{\sim}{p} \vee \underset{\sim}{q}) \wedge (\underset{\sim}{p} \vee \underset{\sim}{r})] \tag{8.21}$$

$$v[\underset{\sim}{p} \wedge (\underset{\sim}{q} \vee \underset{\sim}{r})] = v[(\underset{\sim}{p} \wedge \underset{\sim}{q}) \vee (\underset{\sim}{p} \wedge \underset{\sim}{r})] \tag{8.22}$$

$$v(\neg\neg \underset{\sim}{p}) = v(\underset{\sim}{p}) \tag{8.23}$$

$$v[\underset{\sim}{p} \vee (\underset{\sim}{p} \wedge \underset{\sim}{q})] = v(\underset{\sim}{p}) \tag{8.24}$$

$$v[\underset{\sim}{p} \wedge (\underset{\sim}{p} \vee \underset{\sim}{q})] = v(\underset{\sim}{p}) \tag{8.25}$$

$$v[\neg(\underset{\sim}{p} \vee \underset{\sim}{q})] = v(\neg \underset{\sim}{p} \wedge \neg \underset{\sim}{q}) \tag{8.26}$$

$$v[\neg(\underset{\sim}{p} \wedge \underset{\sim}{q})] = v(\neg \underset{\sim}{p} \vee \neg \underset{\sim}{q}) \tag{8.27}$$

除矛盾律和排中律外,还有一些普通逻辑的逻辑规则在模糊逻辑中不成立。例如,条件合取规则在模糊逻辑中不成立,

$$\underset{\sim}{p} \rightarrow (\underset{\sim}{q} \rightarrow \underset{\sim}{r}) \not\leftrightarrow \underset{\sim}{p} \wedge \underset{\sim}{q} \rightarrow \underset{\sim}{r}\text{。} \tag{8.28}$$

设 $v(\underset{\sim}{p}) = 0.6$,$v(\underset{\sim}{q}) = 0.3$,$v(\underset{\sim}{r}) = 0.8$,则左边的真值为0.6,右边的真值为0.7。

8.5　作为逻辑常项的模糊限制词

在模糊逻辑中,限制词也是一类逻辑常项。与逻辑联接词不同的是,普通逻辑中没有与限制词相对应的逻辑常项。这是模糊逻辑特有的一类

逻辑常项。它们给模糊逻辑带来某些特有的问题和显著的特点,应予以特别注意。

使用限制词是命题模糊性的重要来源之一。限制词附加于命题的谓词,通过改变谓词的模糊性而改变命题的模糊性。设给定模糊命题“$\underset{\sim}{P} \triangleq x$ 是 $\underset{\sim}{A}$”,在谓词前加上限制词 H,得到一个新的模糊命题“x 是 $H\underset{\sim}{A}$”,不妨记作 $H\underset{\sim}{P}$。例如,给定“$\underset{\sim}{P} \triangleq$ 计划是可靠的”,$H \triangleq$ 充分,则有“$H\underset{\sim}{P} \triangleq$ 计划是充分可靠的”。由此可见,对谓词加限制词也是一种关于命题的逻辑运算,由命题 $\underset{\sim}{P}$ 得到命题 $H\underset{\sim}{P}$ 是一元运算。加限制词也是构成复合模糊命题的逻辑手段之一。

我们约定,对应于限制词 H,用 $\dot{H}$ 代表“近乎 H”或“大约 H”,则 $\dot{H}\underset{\sim}{P} \triangleq x$ 是近乎 $H\underset{\sim}{A}$。如“计划是近乎充分可靠的”,“那朵花是近乎很红的”。

将限制词 H、$\dot{H}$ 与联结词“或”“且”、否定词“非”等结合起来,可以产生出更复杂的谓词。设“$\underset{\sim}{P} \triangleq$ 这棵树是非常高的、但不是非常非常高的”,命题形式为:

$$\underset{\sim}{P} \triangleq H_2\underset{\sim}{A} \wedge (\urcorner H_4\underset{\sim}{A}) \tag{8.29}$$

其中 $\underset{\sim}{A}$ 代表模糊集合“高的”。此命题的真值为:

$$v(p) = \underset{\sim}{A}^2(x) \wedge (1 - \underset{\sim}{A}^4(x)) \tag{8.30}$$

设 $\underset{\sim}{B}$ 是模糊概念系统 L 中的一个基本模糊概念,命题“$\underset{\sim}{P} \triangleq x$ 是 $\underset{\sim}{B}$”称为基本模糊命题。通过对 $\underset{\sim}{B}$ 加限制词 H 和 $\dot{H}$、否定词$\urcorner$这些逻辑手段,形成一系列合成模糊命题,用集合 L_p 表示。$L_{\underset{\sim}{p}}$ 是一个由同一论域(同一语言变量的变程)上性质相近、但程度上有区别的模糊命题及其否定命题构成的命题系统。扎德关于模糊推理的理论,目前主要是研究这类命题系统内不同模糊命题之间的逻辑关系。

附带提一下,模糊逻辑的逻辑常项也包括量词。将全称量词∀和存在量词∃模糊化,得到模糊量词的定义:

$$v(\forall x\, \underset{\sim}{A}(x)) = \min_{x \in U} \underset{\sim}{A}(x) \qquad (8.31)$$

$$v(\exists x\, \underset{\sim}{A}(x)) = \max_{x \in U} \underset{\sim}{A}(x) \qquad (8.32)$$

这样定义的模糊量词,对于刻画复杂的模糊命题,似乎太精确了。人们日常思维中使用量词,实质上也是把量词作为语言变量来处理的,使用语言量词,如一切、大部分、部分、若干等等。如能加以提炼,给以科学的表达,用语言量词来刻画模糊命题,可能更符合模糊逻辑的需要。

8.6 语言真值

通常在判定一个模糊命题的真假状况时,并不需要确定一个数值 v 表示命题的真实程度,而是使用"有点真""相当真""非常真""比较假""完全假"之类的模糊语词。如说命题"穆铁柱是高个"为完全真,命题"马季是中等个"为有点真,命题"康德是唯心主义者"为基本真,命题"贝克莱是唯物主义者"为完全假,都表示对于命题真假状况的一种适当的断定,虽不精确,但能为人们普遍接受。这说明,这类模糊语词具有逻辑真值的功能。一般的模糊命题的真假状况很难精确确定,用数值真值表示显得过于精确,与模糊命题的特性不相称;使用模糊语词表示,反而显得更贴切、有效,体现了人脑模糊思维的逻辑特征。

模糊逻辑从这里提炼出语言真值的重要概念,并用模糊集合论给予数学刻画。逻辑概念"真值"也是一个语言变量,我们用 τ 表示,叫作语言真值变量。在传统逻辑中,τ 只有真、假两个语言真值。模糊逻辑有无穷多个语言真值,真和假是其中的基本语言真值(有时只取真为 τ 的基本语言值,假也用真来定义)。由真和假出发,运用语言值生成规则,将产

生出一切语言真值,形成集合 $T(\tau)$:

$$T(\tau)=\{\cdots,微真,较真,真,很真,\cdots,不太真,不真,很不真,\cdots,微假,有点假,假,相当假,基本假,\cdots,不假也不真,\cdots\}。\quad(8.33)$$

一个模糊命题既有数值真值,又有语言真值,二者的关系如何?扎德把数值真值 v 看作语言变量 τ(真值)的基本变量,真域 $V=[0,1]$ 为论域,将 $T(\tau)$ 中的每个语言真值 T 都定义为 V 上的模糊集合,用隶属函数 $\mu_\tau(v)$ 来描述。有时把表示语言真值的模糊集合 T 叫作加在基本变量 v 上的模糊限制,$\mu_\tau(x)$ 叫作相容性函数,函数值表示数值真值 v 与语言真值 τ 的相容性程度。设 $v(\underset{\sim}{p})=0.7$,则 $\mu_{真}(0.7)=0.5$ 表示数值真值为 0.7 的命题 $\underset{\sim}{p}$ 与语言真值“真”的相容性程度为 0.5;$\mu_{很真}(0.7)=0.25$,表示同一命题 p 与语言真值“很真”的相容性程度为 0.25。有时也称隶属函数 $\mu_\tau(v)$ 为可能性函数,函数值表示数值真值是 v 的命题的语言真值是 τ 的可能性程度。设 $\underset{\sim}{P}\triangleq$ 张龙是青年,若张龙为 28 岁,则 $v(\underset{\sim}{p})=0.7$。$\mu_{真}(0.7)=0.5$,表示命题“张龙是青年”为真的可能性是 0.7;$\mu_{很真}(0.7)=0.25$,表示该命题为很真的可能性是 0.25。两者数值的不同,表示将“‘张龙是青年’为真”与“‘张龙是青年’为很真”相比,前者在逻辑上断定得要多一些。

一个模糊命题 $\underset{\sim}{P}\triangleq x$ 是 $\underset{\sim}{A}$,总是联系着两个模糊集合。一个是表示谓词的模糊集合 $\underset{\sim}{A}$,另一个是表示命题 $\underset{\sim}{P}$ 的语言真值 τ 的模糊集合。一般形式为:

$$“\underset{\sim}{P}\triangleq x 是 \underset{\sim}{A}”是\ \tau \quad(8.34)$$

例如,“湘潭是大城市”是不很真的,“涿县离北京相当近”是很真的。

现在讨论语言真值的语义定义。首先讨论基本语言真值“真”。取扎德的定义:

$$\mu_{真}(v)=\begin{cases}0 & 0\leqslant v\leqslant a\\ 2\left(\frac{v-a}{1-a}\right)^2 & a<v\leqslant\frac{a+1}{2}\\ 1-2\left(\frac{v-1}{1-a}\right)^2 & \frac{a+1}{2}<v\leqslant 1\end{cases}\tag{8.35}$$

其中,a 为参数,且 $0<a<1$,v 是数值真值。

“真”的另一种定义为:

$$\mu_{真}(v)=v,v\in[0,1]\tag{8.36}$$

把“不真”定义为“真”的补:

$$\mu_{不真}(v)=1-\mu_{真}(v)\tag{8.37}$$

“假”也有不同定义。这里把“假”定义为“真”的镜像反射

$$\mu_{假}(v)=\mu_{真}(1-v)\tag{8.38}$$

下图示意语言真值“真”和“假”的相容性函数。

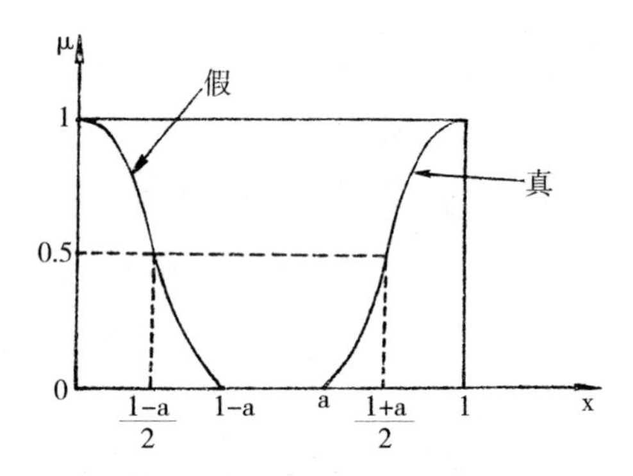

图 8-1　语言真值“真”和“假”的相容性函数

有了基本语言真值的语义定义,使用第六章讨论的规则,可以计算一切语言真值的语义。例如:

$$\mu_{微真}(v)=[\mu_{真}(v)]^{\frac{1}{4}}\tag{8.39}$$

$$\mu_{较真}(v)=[\mu_{真}(v)]^{\frac{1}{2}}\tag{8.40}$$

$$\mu_{很真}(v)=[\mu_{真}(v)]^{2}\tag{8.41}$$

$$\mu_{\text{很很真}}(v)=[\mu_{\text{真}}(v)]^4 \tag{8.42}$$

上述定义的“真”“假”都是模糊真值,不同于二值逻辑的真值“真”和“假”。后者在模糊逻辑真值集合中分别称为“完全真”和“完全假”,定义如下:

$$\text{完全真}\triangleq\int_0^1\frac{0}{v}+\frac{1}{1} \tag{8.43}$$

$$\text{完全假}\triangleq\frac{1}{0}+\int_0^1\frac{0}{v} \tag{8.44}$$

另一个有重要意义的语言真值为“不知道”,记作“?”。扎德的定义是:

$$\text{不知道}(?)\triangleq\int_0^1\frac{1}{v}=\text{真域} \tag{8.45}$$

我们把“不知道”定义为:

$$\text{不知道}(?)\triangleq\int_0^1\frac{k}{v} \tag{8.46}$$

其中,$0<k\leqslant1$ 是一常数。(8.45)是(8.46)的特殊情况。语言真值“不知道”意味着对于命题的真假状况没有任何分辨能力,真域 V 上的任何数值真值 V 与这个语言真值的相容性程度都是一样的。对于一般的论域 U,如果 U 中任一元素 x 对模糊集合 $\underset{\sim}{N}$ 的隶属度都相等:

$$\mu_{\underset{\sim}{N}}(x)\equiv k,0<k\leqslant1 \tag{8.47}$$

那么,$\underset{\sim}{N}$ 不代表 U 上的任一有意义的模糊概念。

二值逻辑是不承认中介的逻辑,非此即彼的逻辑。多值逻辑否定了真值的两极性,在某种程度上承认了真值的中介过渡性,亦此亦彼性。但多值逻辑是用穷举中介的方式承认中介的,把中介看作彼此完全分立的、界限分明的对象,不承认不同中介相互渗透、相互贯通。因此,多值逻辑在表现中介性方面是十分有限的,本质上仍然是一种精确逻辑,算不上真正亦此亦彼的逻辑。模糊逻辑引入语言真值概念,承认不同的中介真值没有明确的分界线,表现了不同中介相互贯通的特征。因此,模糊逻辑是一种比较典型的亦此亦彼逻辑,一种不精确逻辑。这是模糊逻辑和传统逻辑的本质区别之一。

8.7 语言真值的计算和语言近似

8.4 节给出了由支命题的数值真值计算合命题的数值真值的规则。本节讨论如何由支命题的语言真值计算合命题的语言真值。

设模糊命题 $\underset{\sim}{p}$、$\underset{\sim}{q}$ 的语言真值分别为 $\tau(\underset{\sim}{p})=\underset{\sim}{P}$,$\tau(\underset{\sim}{q})=\underset{\sim}{Q}$,各用模糊集合 $\underset{\sim}{P}$ 和 $\underset{\sim}{Q}$ 表示:

$$\underset{\sim}{P}=\frac{\alpha_1}{v_1}+\frac{\alpha_2}{v_2}+\cdots+\frac{\alpha_n}{v_n} \tag{8.48}$$

$$\underset{\sim}{Q}=\frac{\beta_1}{w_1}+\frac{\beta_2}{w_2}+\cdots+\frac{\beta_n}{w_n} \tag{8.49}$$

其中 v_i、w_i 均为数值真值,在[0,1]内取值。运用扩张原理给出如下定义的合命题语言真值:

$$\tau(\neg\underset{\sim}{p})=\frac{\alpha_1}{1-v_1}+\frac{\alpha_2}{1-v_2}+\cdots+\frac{\alpha_n}{1-v_n} \tag{8.50}$$

$$\begin{aligned}\tau(\underset{\sim}{p}\vee\underset{\sim}{q})&=\underset{\sim}{P}\vee\underset{\sim}{Q}\\&=\sum_{i=1}^{n}\sum_{i=1}^{m}\frac{\alpha_i\wedge\beta_i}{v_i\vee w_i}\end{aligned} \tag{8.51}$$

$$\begin{aligned}\tau(\underset{\sim}{p}\wedge\underset{\sim}{q})&=\underset{\sim}{P}\wedge\underset{\sim}{Q}\\&=\sum_{i=1}^{n}\sum_{i=1}^{m}\frac{\alpha_i\wedge\beta_i}{v_i\wedge w_i}\end{aligned} \tag{8.52}$$

$$\tau(p\to q)=\sum_{i=1}^{n}\sum_{i=1}^{m}\frac{(\alpha_i\wedge\beta_i)}{(1-v_i)\vee(v_i\wedge w_i)} \tag{8.53}$$

按(8.50)—(8.53)计算直接得到的是真域 V=[0,1]上的一些模糊集合,需要将它翻译为适当的语言真值,即找出 $\tau(\neg \underset{\sim}{p})$、$\tau(\underset{\sim}{p} \vee \underset{\sim}{q})$、$\tau(\underset{\sim}{p} \wedge \underset{\sim}{q})$ 和 $\tau(\underset{\sim}{p} \to \underset{\sim}{q})$ 所代表的语言真值。在一般情况下,上述运算得到的模糊集合并不一定对应于语言真值中常用的(因而有名称的)某个语言真值。这就需要将计算所得模糊集合和表示常用的语言真值的模糊集合进行比较,选择一个适当的语言真值作为与计算结果近似的语言真值。为计算所得模糊集合寻找近似的语言真值,叫作语言近似。

真值表方法是命题逻辑的得力工具。由于模糊命题的真值有无穷多个,原则上不能使用真值表方法。但是,当我们只限于那些通常感兴趣的语言真值(当然是有限多的),根据上述运算,可以对每个联结词列出真值表来。

思考与练习题

1. 试述模糊逻辑的主要特点。

2. 设 $U=\{1,2,3,4,5\}$, $\underset{\sim}{P} \triangleq x$ 是 $\underset{\sim}{a}$, $\underset{\sim}{q} \triangleq y$ 是 $\underset{\sim}{b}$。

谓词 $\underset{\sim}{A}=\frac{0.5}{1}+\frac{0.4}{2}+\frac{0.1}{3}+\frac{0.3}{4}+\frac{0.7}{5}$,

$\underset{\sim}{B}=\frac{0.3}{1}+\frac{0.5}{2}+\frac{0.7}{4}+\frac{1}{5}$。

试计算 $v(\neg \underset{\sim}{P})$, $v(\underset{\sim}{P} \wedge \underset{\sim}{q})$, $v(\underset{\sim}{P} \vee \underset{\sim}{q})$ 和 $v(\underset{\sim}{P} \to \underset{\sim}{q})$。

3. 写出语言真值"不很真且不很假"的计算公式。

4. 验证当 $v(\underset{\sim}{p})>v(\underset{\sim}{q})$ 且 $v(\neg \underset{\sim}{q})>v(\underset{\sim}{p}) \geqslant v(\neg \underset{\sim}{p})$ 时, $\underset{\sim}{p} \to (\underset{\sim}{q} \to \underset{\sim}{r})$ 与 $\underset{\sim}{p} \wedge \underset{\sim}{q} \to \underset{\sim}{r}$ 不等值。

5. 定义 $v(\underset{\sim}{P} \to \underset{\sim}{q})=1 \wedge (1-v(\underset{\sim}{P})+v(\underset{\sim}{q}))$, 试证 $v(\underset{\sim}{P} \to \underset{\sim}{q}) \longleftrightarrow v(\underset{\sim}{P}) \leqslant v(\underset{\sim}{q})$。

6. 若定义 $(\underset{\sim}{P} \to \underset{\sim}{q})=1 \wedge (1-v(\underset{\sim}{P})+v(\underset{\sim}{q}))$, 令 $U=\{1,2,3,4,5\}$,

$\underset{\sim}{A}$(小的)$=\frac{1}{1}+\frac{0.5}{2}$,$\underset{\sim}{B}$(大的)$=\frac{0.5}{4}+\frac{1}{5}$。试计算描述 p→q 的模糊关系矩阵。

7. 以 A 记语言真值“真”,令 $v(\underset{\sim}{A})=\frac{0.5}{0.7}+\frac{0.7}{0.8}+\frac{0.9}{0.9}+\frac{1}{1}$,试计算 $v(\underset{\sim}{A}\vee\neg\underset{\sim}{A})$和 $v(\underset{\sim}{A}\wedge\neg\underset{\sim}{A})$。

第九章　模糊推理

模糊逻辑的主要内容也是推理论。本章讨论模糊推理,重点不在于介绍它的应用。像目前讨论较多的关于模糊逻辑公式的极小化问题,这里全未涉及。本章重点讨论的是有关模糊推理的某些理论问题。扎德以复合推理规则对各种模糊推理作了统一处理。为了查明复合推理规则的现实依据,对扎德的处理方法作出适当评价,我们先以接近传统逻辑的方式,分类考察人脑思维过程中经常进行的模糊推理,然后再介绍复合推理规则。其中一些结论尚带有探讨性质,是否恰当,有待进一步研究。

9.1　什么是模糊推理

以清晰判断为前提,使用严格的推理规则,推出新的清晰判断,叫作精确推理。从作为前提的模糊判断推出作为结论的模糊判断,原则上就应该是模糊推理。但下面的推理:

有的军人不是年轻人;
所以,有的军人是非年轻人

在传统逻辑著作中经常碰到。相应的推理形式为:

$$\frac{\text{有的 x 不是 } \underset{\sim}{A}\text{;}}{\text{所以,有的 x 是非 } \underset{\sim}{A}} \tag{9.1}$$

虽然前提和结论都是模糊的特称直言判断,但联结前提和结论的推理规则与传统逻辑的直接性质推理无异,没有任何模糊性。因而这种推理可以用精确逻辑的工具进行分析,无需新的逻辑理论。当 $\underset{\sim}{A}$ 是正则模糊概念时,若限制在 Ker$\underset{\sim}{A}$ 中讨论,(9.1)便成为典型的精确推理:

$$\frac{\text{有的 x 不是 Ker}\underset{\sim}{A}\text{;}}{\text{所以,有的 x 是非 Ker}\underset{\sim}{A}\text{。}} \tag{9.2}$$

一切由模糊性质判断构成的直接推理,都具有这种特点,放在传统逻辑著作中讨论是可行的。

下述由模糊关系判断构成的直接关系推理,在传统逻辑中也经常碰到:

$$\frac{\text{小王和小李友好;}}{\text{所以,小李和小王友好。}}$$

友好是一个模糊对称关系概念。这个推理的前提和结论都是模糊关系判断。若以 $\underset{\sim}{R}$ 记模糊对称关系,则相应的推理形式为:

$$\frac{x\underset{\sim}{R}y;}{\therefore ,y\underset{\sim}{R}x_{\circ}} \tag{9.3}$$

由对称关系的性质断定,上述推理的前提和结论有相同的真值:

$$v(x\underset{\sim}{R}y) = v(y\underset{\sim}{R}x) = \mu_r(x,y) \tag{9.4}$$

更一般地,给定任一模糊关系 $\underset{\sim}{R}$,可以构成具有下述形式结构的推理:

$$\frac{x\underset{\sim}{R}y;}{\therefore ,y\underset{\sim}{R}^{-1}x} \tag{9.5}$$

$\underset{\sim}{R}^{-1}$是 $\underset{\sim}{R}$ 的逆关系。例如:

$$\frac{\text{张老师喜欢王宏;}}{\text{所以,王宏为张老师所喜欢。}}$$

显然有：

$$v(y\underset{\sim}{R}^{-1}x)=v(x\underset{\sim}{R}y) \tag{9.6}$$

(9.3)和(9.5)中的推理规则都没有模糊性，与精确推理无异，可以用传统逻辑理论作出有效的分析。因此，一切直接推理都不是真正的模糊推理。

有些用模糊判断构成的间接推理也可以用传统逻辑来分析。例如：

健康则长寿；
杜平健康；
所以，杜平长寿。

推理形式为：

$$\begin{array}{l} 若\ x\ 是\ \underset{\sim}{A}，则\ x\ 是\ \underset{\sim}{B}；\\ x\ 是\ \underset{\sim}{A}；\\ \hline \therefore，\qquad x\ 是\ \underset{\sim}{B}。\end{array} \tag{9.7}$$

或

$$\begin{array}{l} \underset{\sim}{P}[x]\rightarrow \underset{\sim}{Q}[x]；\\ \underset{\sim}{P}[x]；\\ \hline \therefore，\qquad \underset{\sim}{Q}[x]。\end{array} \tag{9.8}$$

在这种推理中，中词是同一模糊概念 $\underset{\sim}{A}$，小前提和大前提前件是同一模糊判断，因而是对前件的严格肯定，结论则是和大前提后件完全相同的模糊判断。这种推理规则也没有模糊性，与传统的肯定前件假言推理没有差别，也不是真正的模糊推理，在传统逻辑著作中也常能碰到。

但下面的推理不可能用传统逻辑的理论来分析：

健康则长寿；
梅林很健康；
所以，梅林近乎很长寿。

相应的推理形式为：

$$\begin{array}{l} \text{若 } x \text{ 是 } \underset{\sim}{A}\text{，则 } x \text{ 是 } \underset{\sim}{B}\text{；} \\ x \text{ 是 } \underset{\sim}{A}_1\text{；} \\ \hline \therefore\text{，} \qquad x \text{ 是 } \underset{\sim}{B}_1\text{。} \end{array} \tag{9.9}$$

小前提和大前提的前件是相近而不完全相同的模糊判断,"中词"是同一模糊概念系统中的不同概念,二者相近又有区别(加上限制词),结论是和大前提的后件相近而不完全相同的模糊判断。这是一类假言推理,但小前提对前件的肯定不是严格的,而是近似的;因而结论不是从前提中严格逻辑地推出来的,而是近似逻辑地推出来的。因此,违反了传统逻辑的假言推理规则,被传统逻辑当作无效的推理形式而予排除。但人类思维中大量使用这种推理,而且行之有效,逻辑学应当给予理论的说明。一种逻辑理论不可能对一切推理形式的有效性都能作出说明。上述推理是典型的模糊推理,突破了精确推理的限制,需要用模糊逻辑的推理论来说明。

上面的分析表明,从模糊前提推出模糊结论是模糊推理的必要而非充分的条件。推理是判断之间的关系,一个推理构成一个判断系统。断定一个推理是否是模糊推理,主要不是看要素层次(判断)是否有模糊性,而是看系统层次(推理规则,即判断之间的关系)是否有模糊性。模糊推理是以模糊判断为前提,使用模糊推理规则,推出模糊判断为结论的推理。其中,关键之处是推理规则有模糊性。但模糊推理与精确推理、模糊逻辑与精确逻辑之间也没有截然分明的界限。(9.1)(9.3)(9.5)(9.7)在推理规则上是精确的,但前提和结论的真值是模糊真值,这又是传统逻辑无法刻画的,属于模糊逻辑的研究范围。

9.2 模糊假言推理

假言推理是人脑思维中最常用的一种推理。但是正如扎德所指出的,人脑进行假言推理在大多数情形下并不使用传统逻辑讲的那种精确推理形式,而是使用一种模糊的假言推理。这种推理不很精确,但也不是很不精确,在实际上常可满足人们进行判别和决策的需要。虽然传统逻辑学家判定这种推理不可登逻辑学的大雅之堂,可是由于人类总是根据能否满足实践需要来对理论进行取舍,这种模糊推理始终活跃在精确逻辑殿堂之外的广阔领域,默默无闻地为人类服务。扎德认为这种情况极不正常,应当建立一种逻辑理论来分析这种推理。模糊逻辑就是这样提出来的。

模糊假言推理也分肯定前件式和否定后件式两种。

(一)肯定前件的模糊假言推理

一个常见的例子是:

若 x 大,则 y 小;
x 很大;
———————
所以,y 近乎很小。

相应的推理形式是:

$$\begin{array}{l}\text{若 } x \text{ 是 } \underset{\sim}{A}\text{,则 } y \text{ 是 } \underset{\sim}{B}\text{;}\\ x \text{ 是 } \underset{\sim}{A}_1\text{;}\\ \hline \therefore, \quad y \text{ 是 } \underset{\sim}{B}_1\text{。}\end{array} \tag{9.10}$$

x 和 y 是个体变元,可以在同一论域上取值,也可以在不同论域上取值。(9.9)是(9.10)的特殊情形。(9.10)还可以写成:

$$\begin{array}{l}\underset{\sim}{P}(x)\rightarrow\underset{\sim}{Q}(y);\\ \underset{\sim}{P}_1(x);\\ \hline \therefore, \quad \underset{\sim}{Q}_1(y)\end{array} \tag{9.11}$$

例 2

大风则降温;
风特大;
———————
所以,降温大约特大。

肯定前件模糊假言推理的逻辑结构有以下特征。

(1)小前提与大前提前件由同一语言变量联系着,结论与后件由同一语言变量联系着,语言变量是一种逻辑变量,因而前提和结论之间存在模糊的逻辑联系。

(2)小前提的谓词 $\underset{\sim}{A}_1$ 和前件的谓词 $\underset{\sim}{A}$ 不是同一概念,但也不是任意的,$\underset{\sim}{A}_1$ 和 $\underset{\sim}{A}$ 是由同一语言变量的不同语言值表述的相近的模糊概念,故小前提仍然是对大前提前件的肯定,但这种肯定是近似而非严格的。

(3)结论的谓词 $\underset{\sim}{B}_1$ 和后件谓词 $\underset{\sim}{B}$ 的关系与 $\underset{\sim}{A}_1$ 和 $\underset{\sim}{A}$ 的关系相同,故结论对后件的肯定也是近似而非严格的。

(4)推理规则是近似而非严格的,结论是从前提中近似而非严格逻辑地推出来的,因而不是唯一的。例 1 的结论可以是"y 很小",例 2 的结论可以是"降温特大",等等。

(5)模糊假言推理的小前提也不能是否定的;否则,不能逻辑地推出结论。例如,以模糊判断"若 x 小,则 y 大"和"x 不很小"为前提,不可能推出有关 y 的大小的任何有意义的结论。一般地,有:

$$\frac{\begin{array}{l}\text{若 } x \text{ 是 } \underset{\sim}{A}\text{,则 } y \text{ 是 } \underset{\sim}{B}\text{;}\\ x \text{ 不是 } \underset{\sim}{A}_1\text{;}\end{array}}{y \text{ 是?(不知道)。}} \tag{9.12}$$

推理形式(9.10)尚未显示出 $\underset{\sim}{A}_1$ 和 $\underset{\sim}{B}_1$ 的逻辑联系,需作进一步的分析。由于人脑实际进行的这类推理千差万别,目前还难以给出统一的形式化描述。但若加以适当限制,利用限制词理论,还可以给出某种统一的刻画。为此约定:

第一,大前提前件的谓词 $\underset{\sim}{A}$ 和后件的谓词 $\underset{\sim}{B}$ 取基本模糊概念,即前后件都是基本模糊命题"$\underset{\sim}{p} \triangleq x$ 是 $\underset{\sim}{A}$"和"$\underset{\sim}{q} \triangleq y$ 是 $\underset{\sim}{B}$"。

第二,小前提的谓词是由 $\underset{\sim}{A}$ 加限制词 H 而成的合成模糊概念 $H\underset{\sim}{A}$,小前提是命题"$\underset{\sim}{p}_1 (=H\underset{\sim}{P}) \triangleq x$ 是 $H\underset{\sim}{A}$",$\underset{\sim}{p}_1 \in L_{\underset{\sim}{p}}$。

这样,模糊假言推理可以解释为:当大前提在基本模糊命题 $\underset{\sim}{p}$ 和 $\underset{\sim}{q}$ 之间建立起一定的模糊蕴涵关系 $\underset{\sim}{p}\rightarrow\underset{\sim}{q}$ 时,模糊命题系统 $L_{\underset{\sim}{p}}$ 和 $L_{\underset{\sim}{q}}$ 中的合成命题之间也形成一定的逻辑联系,模糊推理的任务就是具体地确定这种联系。推理的形式化描述应当符合人脑推理的实际情况。而人脑实际进行模糊假言推理的情形是:如果小前提是模糊命题“$\underset{\sim}{p}_1 \triangleq x$ 是 $H\underset{\sim}{A}$”,那么,结论是“$\underset{\sim}{q}_1 \triangleq y$ 是 $\dot{H}\underset{\sim}{B}$”,或者更简单地有“$\underset{\sim}{q}_1 \triangleq y$ 是 $H\underset{\sim}{B}$”。推理的形式结构为:

$$
\begin{array}{c}
\text{若 } x \text{ 是 } \underset{\sim}{A}\text{,则 } y \text{ 是 } \underset{\sim}{B}\text{;} \\
x \text{ 是 } H\underset{\sim}{A}\text{;} \\
\hline
\text{所以,} y \text{ 是 } \dot{H}B\text{(或 } y \text{ 是 } H\underset{\sim}{B}\text{)}
\end{array}
\qquad (9.13)
$$

或者

$$
\begin{array}{c}
\underset{\sim}{p} \longrightarrow \underset{\sim}{q}\text{;} \\
H\underset{\sim}{p}\text{;} \\
\hline
\dot{H}\underset{\sim}{q}\text{(或 } H\underset{\sim}{q}\text{)。}
\end{array}
\qquad (9.14)
$$

简言之,肯定前件的模糊假言推理的规则是:小前提是由大前提前件谓词前缀限制词 H 而成的合成模糊命题,则结论是由大前提后件谓词前缀限制词 H 或 $\dot{H}$ 而成的合成模糊命题。(9.12)和(9.13)是人脑模糊假言推理的近似模型,不妨称之为模糊推理的限制词转移规则。

例 3

$$
\begin{array}{c}
x \text{ 重则 } y \text{ 轻;} \\
x \text{ 非常非常重;} \\
\hline
\text{所以,} y \text{ 大约非常非常轻。}
\end{array}
$$

在 H 是单一限制词的情况下,(9.13)可以为人脑实际使用的模糊假言推理提供适当的近似表述。当小前提的谓词是由不同限制词和连接词构成的复杂谓词时(如例 1 取“x 不很大也不很小”为小前提),推理形式是否有效,结论的形式结构如何,尚有待进一步探讨。

(二)否定后件的模糊假言推理

这种模糊推理的形式结构为:

$$\begin{array}{r} \underset{\sim}{p} \longrightarrow \underset{\sim}{q}; \\ \neg \underset{\sim}{q}_1; \\ \hline \neg \underset{\sim}{p}_1 \end{array} \tag{9.15}$$

9.3 模糊关系推理

两个前提和结论都是模糊关系判断的推理,叫作纯粹模糊关系推理。这种推理的规则必然具有模糊性,不能用传统逻辑的理论来分析。下例是思维过程中常见的模糊关系推理:

x 和 y 近似相等;
y 比 z 大得多;
所以,x 比 z 大约大得多。

以≈记模糊关系"近似相等",以≫记模糊关系"大得多",$\dot{\gg}$记"大约大得多"或"近乎大得多",上述推理的形式结构可以表述为:

$$\begin{array}{c} x \approx y; \\ y \gg z; \\ \hline \therefore, x \dot{\gg} z。 \end{array} \tag{9.16}$$

或者,更一般的推理形式为:

$$\begin{array}{c} x \approx y; \\ y\underset{\sim}{R}z; \\ \hline \therefore, x\dot{\underset{\sim}{R}}z。 \end{array} \tag{9.17}$$

这是常见的一类纯粹模糊关系推理。主要特征是,如果前提中的一个关系判断断定论域 U 中的元素 x 和论域 V 中的元素 y 之间在某种数量特性方面近似相等(如年龄相仿,身高差不多一样等),另一个关系判断断定论域 V 中的元素 y 和论域 W 中的元素 z 之间在同一数量特性方面存在另一种模糊关系 $\underset{\sim}{R}$，则可以近似逻辑地推出 x 与 z 之间有关系 $\dot{\underset{\sim}{R}} \triangleq$“近乎 $\underset{\sim}{R}$”。

例 2

$$\frac{\text{甲和乙的身高差不多；} \quad \text{乙比丙高得多；}}{\text{所以，甲大约比丙高得多。}}$$

在上述推理形式中，把模糊关系“近似相等”换做模糊关系“相似”（断定 U 中的元素 x 与 V 中的元素 y 之间在某种性态方面是相似的），就构成另一类常见的纯粹模糊关系推理。

例 3

$$\frac{\text{甲和乙面貌相似；} \quad \text{乙比丙丑得多；}}{\text{所以，甲大约比丙丑得多}}$$

以 ~ 记相似关系，上述推理的形式结构为：

$$\frac{x \sim y; \quad y\underset{\sim}{R}z;}{\therefore\ ,x\dot{\underset{\sim}{R}}z。} \tag{9.18}$$

一般地，若 a 与 b 之间有某种同一关系 $\underset{\sim}{E}$，b 和 c 之间有另一模糊关系 $\underset{\sim}{R}$，$\underset{\sim}{E}$ 与 $\underset{\sim}{R}$ 之间由同一语言变量联系起来，则人脑思维中常进行如下形式结构的模糊推理

$$\frac{a\underset{\sim}{E}b; \quad b\underset{\sim}{R}c;}{\therefore\ ,a\dot{\underset{\sim}{R}}c。} \tag{9.19}$$

在例 1、2、3 中，两个前提分别是由语言变量“大小”“身高”“容貌”逻辑地联系起来的。若两个前提之间没有逻辑联系，不能推出可靠的结论。例如，以关系判断“x 和 y 容貌相似”及“y 比 z 高得多”为前提，不可能推

出有关 x 和 z 的关系的任何有意义的断言。两个前提分别联系着两个不同的语言变量"容貌"和"身高",相互间没有逻辑联系。

纯粹模糊关系推理最一般的形式结构为:

$$\frac{\begin{array}{c} a\underset{\sim}{R}b; \\ b\underset{\sim}{S}c; \end{array}}{\therefore, a\underset{\sim}{T}c。} \tag{9.20}$$

其中,$\underset{\sim}{T}$ 是由 $\underset{\sim}{R}$ 和 $\underset{\sim}{S}$ 决定的另一个模糊关系。推理形式(9.20)是相当复杂的,关于它的推理规则,目前我们了解甚少。这里只提出两点。第一,$\underset{\sim}{T}$ 不是由 $\underset{\sim}{R}$ 和 $\underset{\sim}{S}$ 严格逻辑地确定的,而是近似地确定的。第二,关系 $\underset{\sim}{R}$ 的后域与关系 $\underset{\sim}{S}$ 的前域必须是同一论域。这只是必要条件,在同一论域上,$\underset{\sim}{R}$ 与 $\underset{\sim}{S}$ 之间也不一定必有逻辑联系。

9.4 模糊混合关系推理

前提中包含一个模糊关系判断和一个模糊性质判断的推理,叫作模糊混合关系推理。目前的文献中涉及这类推理比较多。例如:

$$\frac{\begin{array}{l} x\text{和}y\text{近似相等;} \\ x\text{很大;} \end{array}}{\text{所以,}y\text{近乎很大。}}$$

相应的推理形式为:

$$\frac{\begin{array}{c} x \approx y; \\ x\text{是}\underset{\sim}{A}; \end{array}}{\therefore, y\text{是}\dot{\underset{\sim}{A}};} \tag{9.21}$$

谓词 $\underset{\sim}{A}$ 可以是模糊语言值,如上例;也可以是模糊数,如下例。

$$\begin{array}{l} x \approx y; \\ x\text{是}\ \underset{\sim}{5}; \\ \hline \therefore, y\text{是}\ \dot{\underset{\sim}{5}}; \end{array}$$

这种推理的逻辑结构是，关系判断断定关系项 x 和 y 在某种数量特性方面近似相等，性质判断在同一数量特性方面给关系前项下一断语 x 是 $\underset{\sim}{A}$，则结论给关系后项下一断语 y 是 $\dot{\underset{\sim}{A}} \triangleq$ 近于 $\underset{\sim}{A}$。

当前提中的关系判断是对某一相似关系 ~ 的断定时，混合关系推理的形式结构为：

$$\begin{array}{l} x \sim y; \\ x\text{是}\ \underset{\sim}{A}; \\ \hline \therefore, y\text{是}\ \dot{\underset{\sim}{A}}\text{。} \end{array} \tag{9.22}$$

例 3

$$\begin{array}{l} \text{林黛玉和晴雯容貌相似；} \\ \text{林黛玉很漂亮；} \\ \hline \text{所以，晴雯差不多一样很漂亮。} \end{array}$$

这种推理形式的结构特点是，关系判断断定关系前项和后项有某种相似关系 ~，性质判断断定关系前项具有模糊属性 $\underset{\sim}{A}$，而相似关系 ~ 和模糊属性 $\underset{\sim}{A}$ 由同一语言变量联系着；那么，结论也是性质判断，断定关系后项具有模糊属性 $\dot{\underset{\sim}{A}}$。

一般地，若前提中的关系判断断定前项与后项具有某种同一关系 $\underset{\sim}{E}$，性质判断具体赋予前项以模糊属性 $\dot{\underset{\sim}{A}}$，$\underset{\sim}{E}$ 和 $\underset{\sim}{A}$ 由同一语言变量联系着，则可近似逻辑地推出后项具有属性 $\dot{\underset{\sim}{A}}$。推理形式为：

$$\begin{array}{l} x\underset{\sim}{E}y; \\ x\text{是}\ \underset{\sim}{A}; \\ \hline \therefore, y\text{是}\ \dot{\underset{\sim}{A}}\text{。} \end{array} \tag{9.23}$$

更一般地,若关系判断断定 x 和 y 之间有模糊关系 $\underset{\sim}{R}$,性质判断断定 x 具有模糊性质 $\underset{\sim}{A}$,$\underset{\sim}{R}$ 与 $\underset{\sim}{A}$ 由同一语言变量联系着,则可以近似逻辑地断定 y 具有模糊性质 $\underset{\sim}{B}$,$\underset{\sim}{B}$ 是由 $\underset{\sim}{R}$ 和 $\underset{\sim}{A}$ 近似逻辑地决定的。相应的推理形式为:

$$\begin{array}{c} x\underset{\sim}{R}y; \\ x\text{是}\underset{\sim}{A}; \\ \hline \therefore ,y\text{是}\dot{\underset{\sim}{B}}。 \end{array} \tag{9.24}$$

混合关系推理前提中的关系判断必须是肯定判断,才能逻辑地推出近似的结论。若以模糊关系判断"贾宝玉和贾环长得不像"及模糊性质判断"贾宝玉是美男子"为前提进行推理,不可能推出有关贾环容貌的确切断言,因为关系判断是否定的贾环也可能是另类美男子。

9.5 模糊推理的复合规则

扎德利用模糊关系合成的概念,为上面讨论的各种模糊推理提出了统一的数学模型。

(一)模糊假言推理

把模糊蕴涵 $\underset{\sim}{p}\rightarrow\underset{\sim}{q}$ 当作模糊关系,把模糊判断表示成模糊向量,则推理形式(9.10)可表示成:

$$\begin{array}{c} \underset{\sim}{p}\longrightarrow\underset{\sim}{q}; \\ \underset{\sim}{p}_1; \\ \hline \therefore ,\underset{\sim}{q}_1=\underset{\sim}{p}_1\circ(\underset{\sim}{p}\rightarrow\underset{\sim}{q})。 \end{array} \tag{9.25}$$

例 1 设 U = {1,2,3,4,5},x 和 y 在 U 上取值。定义 $\underset{\sim}{B}$(大) = (0,0,0,0.5,1),$\underset{\sim}{A}$(小) = (1,0.5,0,0,0)。已知若 x 小则 y 大,且 x 较小,问 y 如何?根据算子"较"的定义,有:

$$\underset{\sim}{A}_1(较小)=(1,0.7,0,0,0)$$

令 $\underset{\sim}{p} \triangleq x$ 是 $\underset{\sim}{A}$，$\underset{\sim}{q} \triangleq y$ 是 $\underset{\sim}{B}$，模糊关系 $\underset{\sim}{R} \triangleq (\underset{\sim}{p} \to \underset{\sim}{q})$ 由(8.13)给出，于是有：

$$\underset{\sim}{B}_1 = \underset{\sim}{A}_1 \circ \underset{\sim}{R}$$

$$= (1,0.7,0,0,0) \circ \begin{pmatrix} 0 & 0 & 0 & 0.5 & 1 \\ 0.5 & 0.5 & 0.5 & 0.5 & 0.5 \\ 1 & 1 & 1 & 1 & 1 \\ 1 & 1 & 1 & 1 & 1 \\ 1 & 1 & 1 & 1 & 1 \end{pmatrix}$$

$$= (0.5 \quad 0.5 \quad 0.5 \quad 0.5 \quad 1) \tag{9.26}$$

推理的结论是性质判断“y 是 $\underset{\sim}{B}_1$”。若给出模糊集合 $\underset{\sim}{B}_1$ 适当的语言近似，推理过程便圆满完成了。

否定后件的模糊假言推理，也可用复合规则来刻画。已知 $\underset{\sim}{A} \to \underset{\sim}{B}$ 和 $\neg \underset{\sim}{B}_1$，则可有关系方程：

$$\underset{\sim}{x} \circ (\underset{\sim}{A} \to \underset{\sim}{B}) = \neg \underset{\sim}{B}_1 \tag{9.27}$$

(二)纯粹模糊关系推理(9.23)特别适于用合成规则来表述。结论中的模糊关系 $\underset{\sim}{T}$，正是前提中的模糊关系 $\underset{\sim}{R}$ 和 $\underset{\sim}{S}$ 的合成模糊关系：

$$\underset{\sim}{T} = \underset{\sim}{R} \circ \underset{\sim}{S} \tag{9.28}$$

推理(9.23)变为：

$$\begin{array}{c} x\underset{\sim}{R}y; \\ y\underset{\sim}{S}z; \\ \hline \therefore, x(\underset{\sim}{R} \circ \underset{\sim}{S})z。 \end{array} \tag{9.29}$$

例 2 设论域 U = {1,2,3,4}，$\underset{\sim}{R} \triangleq$ 近似相等，$\underset{\sim}{S} \triangleq$ 远大于，分别由(7.22)(7.23)给出：

$$\underset{\sim}{R} \circ \underset{\sim}{S} = \begin{bmatrix} 1 & 0.5 & 0 & 0 \\ 0.5 & 1 & 0 & 0 \\ 0 & 0.5 & 1 & 0.5 \\ 0 & 0 & 0.5 & 1 \end{bmatrix} \circ \begin{bmatrix} 0 & 0 & 0 & 0 \\ 0 & 0 & 0 & 0 \\ 0.5 & 0 & 0 & 0 \\ 1 & 0.5 & 0 & 0 \end{bmatrix}$$

$$= \begin{bmatrix} 0 & 0 & 0 & 0 \\ 0 & 0 & 0 & 0 \\ 0.5 & 0.5 & 0 & 0 \\ 1 & 0.5 & 0 & 0 \end{bmatrix}$$

$$= \text{近乎远大于。} \tag{9.30}$$

故有推理“若 x 与 y 近似相等且 y 远大于 z,则 x 近乎远大于 z”,与(9.19)相符合。

(三)模糊混合关系推理(9.27)用复合推理规则表示如下:

$$\begin{array}{c} xRy; \\ x\text{是}\underset{\sim}{A}; \\ \hline \therefore, y\text{是}\underset{\sim}{A} \circ \underset{\sim}{R}。 \end{array} \tag{9.31}$$

例 3 取语言变量年龄。设 U = {24,26,28,30,32},已知甲和乙年龄相仿。若甲很年轻,问乙如何?

按(3.10),

$$\underset{\sim}{Y} = \frac{1}{24} + \frac{0.96}{26} + \frac{0.74}{28} + \frac{0.5}{30} + \frac{0.34}{32},$$

$$\underset{\sim}{Y}_1(\text{很年轻}) = \frac{1}{24} + \frac{0.92}{26} + \frac{0.55}{28} + \frac{0.25}{30} + \frac{0.11}{32}$$

定义 U 上的近似相等关系为:

$$\underset{\sim}{R} = \begin{bmatrix} 1 & 0.6 & 0.2 & 0 & 0 \\ 0.6 & 1 & 0.6 & 0 & 0 \\ 0.2 & 0.6 & 1 & 0.6 & 0 \\ 0 & 0.2 & 0.6 & 1 & 0.6 \\ 0 & 0 & 0.2 & 0.6 & 1 \end{bmatrix} \tag{9.32}$$

则答案为：

$$\underset{\sim}{Y}_1 \circ \underset{\sim}{R} = (1 \quad 0.92 \quad 0.6 \quad 0.55 \quad 0.25) \tag{9.33}$$

与 $\underset{\sim}{Y}_1$ 相近，故语言近似可取为“乙和甲近乎同样很年轻”。

本节例 2 和例 3 按复合推理规则得到的结果，与前几节的讨论是相近的，符合人们的思维实际。这是关于模糊推理的两种模型，可以相互印证。但例 1 的结果“y 是 B_1”［见(9.26)］，与前面的推论（y 近乎较小）相去甚远，不符合思维实际。有人把这种不符合现象解释为模糊推理固有的模糊性的合理表现，是不太确切的。我们认为，不符合的一个原因是，在只有 5 个元素的论域 U 上作这种推理，难免误差过大。另一方面，也反映了关于模糊蕴涵 $\underset{\sim}{p} \to \underset{\sim}{q}$ 的定义和复合推理规则的定义本身的不足之处。复合规则的一大优点是运用范围广，各种不同推理形式可以用统一的数学形式来表述，而且当谓词过分复杂、难于用前几节讨论的推理形式处理时，仍可按复合推理规则计算，得出一定的模糊集合或模糊关系作为结论。但这些模糊集合或关系能否找到适当的语言近似，能否反映实际模糊逻辑关系，还是一个问题。

传统逻辑承认以下推理的有效性：

x 小则 y 大；
x 小；
———————— (9.34)
∴，　y 大。

利用本节例 1 中给出的论域和集合 $\underset{\sim}{A}$（小）、$\underset{\sim}{B}$（大）和关系 $\underset{\sim}{R}$（若 x 小，则 y 大），按复合推理规则得：

$$\underset{\sim}{A} \circ (\underset{\sim}{A} \to \underset{\sim}{B}) = (0.5 \quad 0.5 \quad 0.5 \quad 0.5 \quad 1) \tag{9.35}$$

这个结果很难作为“y 大”的近似描述，复合推理规则不能证实(9.34)的有效性，这是令人遗憾的。模糊逻辑的推理规则应当是关于人脑模糊推理的近似模型。按复合推理规则所得数学结果有时与思维实际相去太远，表明这一规则有其局限性，尚待改进，过高地评价它的作用是不适当的。

用复合推理规则可以验证(9.12)。$\underset{\sim}{p}$(≜x 小)=(1,0,5,0,0,0,0),$\neg\underset{\sim}{p}$=(0,0.5,1,1,1),($\underset{\sim}{p}\to\underset{\sim}{q}$)(≜x 小,则 y 大)用模糊矩阵(8.13)表示,由复合推理规则得:

$$\neg\underset{\sim}{p}\circ(\underset{\sim}{p}\to\underset{\sim}{q})=(1,1,1,1,1)$$
$$=?\ (\text{不知道}) \qquad (9.36)$$

否定前件的假言推理是无效的推理形式,(9.36)提供了例证。

在有限论域 $U=\{x_1,x_2,\cdots,x_n\}$ 和 $V=\{y_1,y_2,\cdots,y_n\}$ 的情形下,可以按复合推理规则证明(9.12)。设

$$\underset{\sim}{A}=(\mu_1,\mu_2,\cdots,\mu_n) \qquad (9.37)$$

$$\underset{\sim}{B}=(\rho_1,\rho_2,\cdots,\rho_n) \qquad (9.38)$$

$$\neg A=(1-\mu_1,1-\mu_2,\cdots,1-\mu_n) \qquad (9.39)$$

令 $\underset{\sim}{R}\triangleq\underset{\sim}{A}\to\underset{\sim}{B}$,按(8.10)计算得模糊矩阵 $\underset{\sim}{R}=(r_{ij})$,其中:

$$r_{ij}=(\mu_i\wedge\rho_j)\vee(1-\mu_i) \quad \begin{matrix} i=1,2,\cdots,n \\ j=1,2,\cdots,m \end{matrix} \qquad (9.40)$$

由复合推理规则得:

$$\neg\underset{\sim}{A}\circ\underset{\sim}{R}=(\bigvee_1^n(1-\mu_i),\bigvee_1^n(1-\mu_i),\cdots,\bigvee_1^n(1-\mu_i))$$
$$=?\ (\text{不知道}) \qquad (9.41)$$

9.6 模糊条件语句推理

模糊假言推理的一种推广是,把前提中的模糊蕴涵 $\underset{\sim}{A}\to\underset{\sim}{B}$ 换为模糊条件语句“若 $\underset{\sim}{A}$ 则 $\underset{\sim}{B}$,否则 $\underset{\sim}{C}$”(即 $\underset{\sim}{A}\to\underset{\sim}{B}\vee\neg\underset{\sim}{A}\to\underset{\sim}{C}$)。把模糊条件语句表示为适当的模糊关系,可用复合推理规则构成如下推理形式:

$$\begin{array}{l} \underset{\sim}{A} \longrightarrow \underset{\sim}{B} \vee \neg \underset{\sim}{A} \longrightarrow \underset{\sim}{C}; \\ \underset{\sim}{A}_1; \\ \hline \therefore, \underset{\sim}{A}_1 \circ (\underset{\sim}{A} \to \underset{\sim}{B} \vee \underset{\sim}{A} \to \underset{\sim}{C})。 \end{array} \tag{9.42}$$

(9.42)是模糊推理常见的一种形式。条件语句用的是三项联结词"如果,则;否则",这里把它用两个两项联结词的并来表示。一般地,多项联结词均可用若干两项联结词适当地表示出来。

关键问题是定义描述模糊条件语句的模糊关系。设"$\underset{\sim}{p} \triangleq x$ 是 $\underset{\sim}{A}$"是论域 U 上的模糊命题,"$\underset{\sim}{q} \triangleq y$ 是 $\underset{\sim}{B}$"和"$t \triangleq y$ 是 $\underset{\sim}{C}$"均为论域 V 上的模糊命题。从 U 到 V 的模糊关系"$\underset{\sim}{R} \triangleq$ 若 $\underset{\sim}{P}$ 则 $\underset{\sim}{q}$,否则 $\underset{\sim}{t}$"定义为:

$$\mu_{\underset{\sim}{R}}(x,y) = (\underset{\sim}{A}(x) \wedge (\underset{\sim}{B}(y)) \vee (1 - \underset{\sim}{A}(x) \wedge \underset{\sim}{C}(y) \tag{9.43}$$

实际应用问题中,常使用多级条件语句:若 $\underset{\sim}{A}_1$ 则 $\underset{\sim}{B}_1$;否则,若 $\underset{\sim}{A}_2$ 则 $\underset{\sim}{B}_2$;否则,…;否则,若 $\underset{\sim}{A}_n$ 则 $\underset{\sim}{B}_n$。多级条件语句仍然可表示为模糊关系:

$$\underset{\sim}{R} = (\underset{\sim}{A}_1 \to \underset{\sim}{B}_1 \vee \underset{\sim}{A}_2 \to \underset{\sim}{B}_2 \vee \cdots \vee \underset{\sim}{A}_n \to \underset{\sim}{B}_n) \tag{9.44}$$

其隶属函数为:

$$\begin{aligned} \mu_{\underset{\sim}{R}}(x,y) = ((&\underset{\sim}{A}_1(x) \wedge \underset{\sim}{B}_1(y)) \vee (\underset{\sim}{A}_2(x) \wedge \underset{\sim}{B}_2(y)) \\ &\vee \cdots \vee (\underset{\sim}{A}_n(x) \wedge \underset{\sim}{B}_n(y), \end{aligned} \tag{9.45}$$

9.7 模糊连锁推理和悖论分析

最常见的连锁推理是利用某些关系的传递性这种逻辑特性构成的。当推理步骤 $n = 2$ 时,是一类特殊的纯粹关系推理,叫作传递关系推理。当 $n > 2$ 时,就是连锁推理。在普通逻辑中,设 R 是传递关系,则以下推理:

$$
\begin{array}{c}
a_0 R a_1; \\
a_1 R a_2; \\
\cdots\cdots\cdots \\
a_{n-1} R a_n; \\
\hline
\therefore\ , a_0 R a_n。
\end{array}
\tag{9.46}
$$

就是一种连锁推理。对于任一自然数 $n>2$，由 a_0Ra_1 真，可推出 a_0Ra_n 真。

各种模糊传递关系 $\underset{\sim}{R}$ 也常被人们用来构成模糊的连锁推理。推理形式与(9.46)同，只是将 R 换为 $\underset{\sim}{R}$。亲戚是一种模糊传递关系，可以构成连锁推理：

$$
\begin{array}{c}
\text{甲是乙的亲戚；} \\
\text{乙是丙的亲戚；} \\
\hline
\text{所以，甲是丙的亲戚。}
\end{array}
$$

$$
\begin{array}{c}
\text{甲是丙的亲戚；} \\
\text{丙是丁的亲戚；} \\
\hline
\text{所以，甲是丁的亲戚。}
\end{array}
$$

这是由两次使用“亲戚”这一模糊传递关系构成的连锁推理。这种传递性表示“亲戚的亲戚还是亲戚”。但亲戚有远近疏密之别，反复进行推理，就会从直系亲变为旁系亲，由近亲变为远亲，最后变为非亲。这是亲戚关系的模糊性。在逻辑上，就是结论的真实性不同于前提的真实性。一般地说，利用模糊关系进行连锁推理时，随着推理步骤的增加，结论的真实性将下降：

$$
v(a_0 \underset{\sim}{R} a_n) \leqslant v(a_0 \underset{\sim}{R} a_1) \tag{9.47}
$$

因此，要使连锁推理的结论足够有效(真值足够高)，应当使作为前提的命题有很高的真值，而推理的步骤又尽量少些。

模糊连锁推理可以不用传递关系来构成。所谓秃头悖论，使用的就是一种广泛存在的模糊连锁推理形式。传统逻辑不能解释秃头悖论的成因，用模糊逻辑可以作出恰当的分析。秃头悖论及其各种变种(如年龄悖论、朋友悖论、饥饱悖论等)都涉及某个第一类语言变量 L，可以给出一种统一的刻画。令 l 是 L 对应的基本变量，$\triangle l$ 是 l 的增量。设命题"$\underset{\sim}{p}_0 \triangleq l = l_0$ 时，L 的语言值为 $\underset{\sim}{A}$"，"$\underset{\sim}{q}_0 \triangleq$ 给 l 以增量 $\triangle l$ 时，L 的语言值仍为 $\underset{\sim}{A}$"。一般情况下，命题 $\underset{\sim}{p}_0$ 是全真的，$v(\underset{\sim}{P}_0) = 1$。传统逻辑实际上默认 $\underset{\sim}{q}_0$ 也是全真命题，$v(\underset{\sim}{q}_0) = 1$。由 $\underset{\sim}{p}_0$ 和 $\underset{\sim}{q}_0$ 推出命题"$\underset{\sim}{p}_1 \triangleq l = l_0 + \triangle l$ 时，L 的语言值是 $\underset{\sim}{A}$"。传统逻辑认为 $V(\underset{\sim}{p}_1) = 1$。于是构成以下连锁推理：

$$
\begin{array}{ll}
\underset{\sim}{p}_0 & l = l_0 \text{ 时，L 的语言值是 } \underset{\sim}{A}\text{；} \\
\underset{\sim}{q}_0 & \text{给 l 以增量 } \triangle l \text{ 时，L 的语言值仍是 } \underset{\sim}{A}\text{；} \\
\hline
\underset{\sim}{p}_1 & l = l_0 + \triangle l \text{ 时，L 的语言值是 } \underset{\sim}{A}\text{。} \\
\underset{\sim}{p}_1 & l = l_0 + \triangle l \text{ 时，L 的语言值是 } \underset{\sim}{A}\text{；} \\
\underset{\sim}{q}_1 & \text{给 l 以增量 } \triangle l \text{ 时，L 的语言值仍是 } \underset{\sim}{A}\text{；} \\
\hline
\underset{\sim}{p}_2 & l = l_0 + 2\triangle l \text{ 时，L 的语言值是 } \underset{\sim}{A}\text{。} \\
 & \vdots \\
\underset{\sim}{p}_{n=1} & l = l_0 + (n-1)\triangle l \text{ 时，L 的语言值是 } \underset{\sim}{A}\text{；} \\
\underset{\sim}{q}_{n-1} & \text{给 l 以增量 } \triangle l \text{ 时，L 的语言值仍是 } \underset{\sim}{A}\text{；} \\
\hline
\underset{\sim}{p}_n & l = l_1 + n\triangle l \text{ 时，L 的语言值是 } \underset{\sim}{A}\text{。} \\
 & \vdots
\end{array}
\tag{9.48}
$$

就相邻的任何两个推理比较，由真前提应当推出真结论。但对于足够大的 n，命题"$\underset{\sim}{P}_n \triangleq t = l_0 + n\triangle l$ 时，L 的语言值是 $\underset{\sim}{A}$"，直观上显然是假命题，于是形成了悖论。

一切第一类语言变量都可以构造这种悖论。原则上讲，第二类语言变量也可以构造这种悖论，只是难于作出类似(9.48)那样的精确描述。盖因斯关于工厂自动化论文的悖论就是一例。因此，可以把所有这类悖论统称为语言变量悖论。

现在可以弄清秃头悖论的机制了。从模糊逻辑的观点看，上述命题

“$\underset{\sim}{q}_0 \triangleq$ 给 l 以增量 $\triangle l$ 时，L 的语言值仍是 $\underset{\sim}{A}$”，不是一个全真命题，$v(\underset{\sim}{q}_0)<1$。当 $\triangle l$ 较大时，这在直观上是明显的。新朋友在一年以后还是新朋友，显然不是全真命题。但当 $\triangle l$ 非常非常小时，如在秃头悖论中 $\triangle l=1$ 根头发，在朋友悖论中 $\triangle l=1$ 秒，直观上很容易误以为 $v(\underset{\sim}{q}_0)=1$。传统逻辑正是这样断定的。实际上，当 $\triangle l$ 充分小时，$\underset{\sim}{q}_0$ 是一个高度真实、但不是完全真实的命题，$v(\underset{\sim}{q}_0)$ 非常接近于 1 但小于 1，

$$v(\underset{\sim}{q}_0)=1-\varepsilon。\tag{9.49}$$

其中，ε 是一个非常小的正数，

$$0<\varepsilon\ll 1。\tag{9.50}$$

在所有 q_i 中，$\triangle l$ 同号，随着推理步骤 n 的增加，$\triangle l$ 同向积累，结论的真值 $v(\underset{\sim}{p}_i)$ 也逐步降低。即：

$$v(\underset{\sim}{p}_0)>v(\underset{\sim}{p}_1)>\cdots>v(\underset{\sim}{p}_n)\tag{9.51}$$

若定义

$$v(\underset{\sim}{p}_i)=v(\underset{\sim}{p}_{i-1})\cdot(1-\varepsilon)\tag{9.52}$$

则有：

$$\begin{aligned}v(\underset{\sim}{p}_n)&=v(\underset{\sim}{p}_0)\cdot(1-\varepsilon)^n\\&=(1-\varepsilon)^n\end{aligned}\tag{9.53}$$

故有

$$\text{当 } n\to\infty \text{ 时，} v(\underset{\sim}{p}_n)\to 0\tag{9.54}$$

(9.51)—(9.54)表明，在连锁推理中每增加一次推理，结论的真值就减小一个微小的量。随着 n 的增加，结论的真值逐步减小。积微成著，到足够大的 n 时，$\underset{\sim}{p}_n$ 在直观上就显现为一个明显假的命题。困扰逻辑学家几千年的秃头悖论，由模糊逻辑提供了透彻的说明。

模糊逻辑也被用来分析罗素悖论，这里不再介绍了。

思考与练习题

1. 举出不同类型模糊推理的若干实例。

2. 说明模糊推理与精确推理的主要区别。

3. 设 $U=V=\{1,2,3,4\}$，$(\underset{\sim}{p}\rightarrow\underset{\sim}{q})\triangleq$x 大则 y 小。已知 x 非常非常大，问 y 如何？

4. 设 $U=V=\{1,2,3,4,5\}$，条件语句为“若 x 轻则 y 重，否则 y 不很重”。$\underset{\sim}{A}$(轻)$=(1,0.8,0.6,0.4,0.2)$，$\underset{\sim}{B}$(重)$=(0.2,0.4,0.6,0.8,1)$，$\underset{\sim}{C}$(不很重)$=(0,96,0.84,0.64,0.36,0)$。已知 x 较轻，问 y 如何？

5. 试根据模糊逻辑分析罗素悖论。

第十章　模糊思维

扎德关于模糊学的早期著作中已经使用了模糊思维的概念。考察人类模糊思维的实际经验,从中吸取营养,提炼概念和方法,从不同侧面建立模糊学的框架,这种方法贯穿于扎德有关模糊学的全部研究中。从他的著作中可以找到许多有关模糊思维的零散而深刻的见解。遗憾的是扎德等模糊学工作者并未把模糊思维作为一个独立的课题加以系统的论述。国内一些学者结合医学、文艺学等具体领域对模糊思维进行探讨,但未对模糊思维作一般的研究。模糊思维尚属于一片未开垦的原野。鉴于这种情况,本章只能对这一方向作一些极初步的讨论,以期引起读者探讨模糊思维的兴趣。

10.1　“机器思维”与人脑思维的比较

计算机是人脑智力的延伸。计算机问世后不久,图林在《机器能思维吗?》一书中讨论了机器思维的涵义,并表示相信,在21世纪末,人们能够谈论机器思维而不必担心被误解。如果我们把机器思维理解为用机器模拟人脑的思维活动,那么,图林关于对机器思维和人脑思维进行比较研究的观点,是极有见地的。通过这种比较研究,既可以利用计算机的研究成果探索人脑思维的奥秘，又可以利用关于人脑思维的研究成果探索发展计算机的新途径，在理论和实践两方面都具有重要意义。

冯·诺伊曼在1955年出版的《计算机和人脑》一书中，对机器思维与人脑思维作了深刻的比较研究。就我们的主题看，至少以下几点是特别有价值的。

1. 计算机以串行线路即连续顺序的工作为有利，一个时间段只处理一项或不多几项信息。人脑以并行线路为有利，它希望同时取得尽可能多的信息，同时进行加工处理。

2. 计算机的显著特点和优点是高精度，但可靠性低。人脑在一个相当低的精确度水平上进行复杂的工作，只可能达到十进制的2至3位数的精确度，但却有相当高的可靠性程度。

3. 计算机的智能建立在计数（数据处理）的基础上，是一种精确的符号系统，记数符号的位置和符号的出现与否对信息的意义具有决定性作用。人脑的信息处理系统本质上不是数字的而是统计的，它不是规定符号、数字的精确位置的问题，而是信息出现的统计性质问题，信息的意义由信息的统计性质来传输。钱学森近年来也对机器思维和人脑思维进行比较，并指出："人不是靠算，而是靠认出形势。"[28]

4. 计算机使用的是数学语言，人脑思维使用的不是数学语言。20世纪60年代以来，以扎德为代表的模糊学工作者从一个新的角度对机器思维和人脑思维进行比较研究，得出自己的结论。

对扎德和冯·诺伊曼的论述作比较研究是有趣的。

（1）模糊学工作者认为，串行线路的思维易于形式化、数学化，这是机器思维能达到高精度的重要条件。按并行线路工作是产生模糊性的一种条件，人脑能进行平行的、整体的思维活动，必然具有模糊性。

（2）人脑既能作精确思维（虽然精度很低），更善于作模糊思维。人脑智能和机器智能之间的差别在于人脑具有运用不精确的、非定量的、模糊的术语进行思维活动，而现在的数字计算机没有这种能力。

(3)扎德认为,"人的思维和决策中的关键性原理不是建立在数字基础上,而是基于模糊集合——从属于到不属于是逐步过渡而非突然改变的对象类"。他也强调人脑思维的不确定性方面,但与冯·诺伊曼不同,他认为这种不确定性主要不是统计特性,而是模糊性。"比起随机性,模糊性在人类认识过程的机制里,有着重要得多的作用。"[56]

(4)模糊学家还强调指出,计算机只能使用精确的程序语言,一个词只有一个含义,人脑能使用带有模糊性或歧义性的自然语言。

模糊学家关于两种思维的比较研究,是冯·诺伊曼工作的继续。但他们提供了新的术语和方法,揭示了人脑思维的模糊性特点,提出模糊性、模糊集合等对于探索思维机制很有价值的新概念,开拓了模糊思维这个研究领域。

10.2 精确思维与模糊思维

模糊思维是相对于精确思维而言的,二者都是人脑的思维方式。人类在认识到存在这两种不同的思维方式之前,早就在实际上谈论和使用这两种思维方式。毛泽东在谈到战争的计划性时说过:"客观现实的行程将是异常丰富和曲折变化的,谁也不能造出一本中日战争的'流年'来;然而给战争趋势描画一个轮廓,却为战略指导所必需。"①造出战争行程的流年,这是要求在战争计划问题上实行精确思维,当然是不现实的。给战争趋势描绘轮廓,是在战争计划问题上实行模糊思维,是必要而且可能的。毛泽东的这段话谈到了精确思维和模糊思维的区别,指出了精确思维的局限性,肯定了模糊思维在战争计划问题上的适用性。

逻辑学、数学、计算机科学的发展,对精确思维作了深入的分析,使我

① 《毛泽东选集》第4卷,第430页。

们对精确思维机制有了相当丰富的知识,并能用物质手段再现出来。对于模糊思维的机制的探索还刚刚开始,只能从两种思维方式的比较中,获得一些有关模糊思维的极初步的了解。

就思维的对象来说,精确思维是关于清晰事物的理性认识,模糊思维是关于模糊事物的理性认识。精确思维通过对有关对象的精确信息进行精确的加工来揭露事物的本质,模糊思维是通过对有关对象的模糊信息用模糊的方式进行加工来揭露事物的本质。越是复杂多变的事物,模糊思维发挥作用的可能性越大。

就思维的逻辑基础来说,精确思维建立在二值逻辑的基础上,使用精确的概念、判断和推理进行思维。模糊思维建立在模糊逻辑的基础上,使用模糊概念、模糊判断和模糊推理进行思维。

就思维的物质外壳即语言来说,精确思维使用精确语言,包括数理语言、形式化语言等,不允许用具有模糊性或歧义性的语词,句子结构要严格符合语法规则。模糊思维使用具有强烈模糊性的自然语言,利用语词的模糊性、歧义性和不严格符合语法结构的句子,把握和表达事物的模糊性。

就思维的表现手段来说,精确思维可以作精确的定量化、完全形式化的表述,编成严格的程序,由机器来模拟再现。模糊思维不可能做到这一点。但模糊思维也有其量的特性,有形式结构和逻辑顺序性,用近似的、模糊的方法在一定程度上加以形式化、数量化处理,并用物质手段加以模拟,还是可能的。

就思维的特点来说,精确思维立足于对事物作条分缕析,在弄清一切细节的基础上进行综合判断,得出非此即彼的结论。模糊思维不追求条分缕析地刻画事物,而着眼于事物的整体特征和主要方面,用近似的方式勾勒事物的轮廓,估测事件的进程,作出近似的、有灵活性的结论。

抽象思维和形象思维,渐进思维和顿悟(灵感)思维,逻辑思维和非逻辑思维,都有精确思维和模糊思维两种形式,但表现方式及所占有的地位各不相同。它们是从不同角度对思维方式所作的分类,因而是互相渗透的辩证关系。

10.3　模糊性与抽象思维

人脑既能使用清晰概念,又能使用模糊概念,这并不是模糊学家首先发现的。维纳曾明确地表述过这一观点。概念是思维的细胞,模糊概念是模糊思维的细胞。了解人脑如何把握模糊概念,对于掌握模糊思维的本质是必要的。

经典集合论和数理逻辑用集合表示概念,揭示了人脑思维(把握概念)的一些特点。模糊学进一步阐明了,用经典集合只能表示清晰概念;对于模糊概念,人脑是用模糊集合来把握的。

先看一位教师。为了掌握学生的各种情况,他需要使用男生和女生、优等生和差等生、守纪律的学生和不守纪律的学生、健康的学生和不健康的学生等等概念。在他的认识中,男生和女生构成两个经典集合,每个集合包含的元素都是明确肯定的。但对于优等生和差等生之类的概念,任何稍有经验的教师都不硬性划定范围,他深知优与非优之间不存在截然分明的界线,不能一刀切,只能通过对不同学生相互比较,相对地确定他们属于优等或差等的程度之别。就是说,教师是通过分析隶属度的分布情况来把握优等、差等之类的模糊概念的。

再看一位外交家。在处理国际事务时,他既需要使用已建交国家和未建交国家这类清晰概念,又需要使用友好国家和不友好国家这类模糊概念。在他的认识中,已建交的国家构成一个经典集合,友好国家则构成一个模糊集合。聪明的外交家绝不把友好与不友好当作非此即彼、固定不变的现象,他注重了解不同国家友好或不友好的不同程度,广交各种程度的朋友,甚至对敌对国家也要分析其模糊性,区别对待。

模糊学认为,不可把模糊概念看作一个具有绝对相同的属性的对象集合,而应看作一个函数,即隶属度在论域上的分布函数。隶属度又叫资格度,表示对象属于一定类别的资格程度。人们常用完全够格、基本够格、一定程度上够格、不太够格、基本上不够格等语词(语言隶属度)来区分不同对象的资格程度。通常说的"心中有一本账",就是关于不同对象资格程度分布的账。通过把握隶属度的分布来把握模糊概念,是模糊思维的一条重要原理。不同人使用模糊概念的能力差别,也表现为把握这种隶属度分布的能力不同。专家、技工比一般人的高明之处,往往在于他掌握了隶属度的最优分布。

模糊概念是对模糊感性信息加工(抽象)而形成的。在对象量变的全部变化范围内,准确地把并无明确界限的不同部分质变区分开来,用恰当的模糊概念加以概括,是人脑特有的功能。这个抽象过程,也是借助于模糊集合来实现的。人脑对由感官传送来的大量信息进行筛选,抓住少量反映事物本质的信息,滤去大量无关的信息,形成一定的模糊集合,也就是形成一定的模糊概念。但对于这一过程的机制,目前还很少了解。

那种反映认识过程不深入的模糊概念,在模糊思维中也起着重要作用。理性认识也是一个过程,有其过程结构。人的认识在感性王国中经历曲折的探索,总会在某个时刻达到"潭州城廓在何处?东边一片青模糊"的地步,目的地已经在望,它的轮廓已见,标志着认识已进入理性阶段;但目标的细节还模糊,有待继续前进,方可完全看清楚。这是理性认识的两个阶段。从认识的第一次飞跃中产生的科学概念,不论清晰概念或模糊概念,最初都常常带有主体认识发展不充分所引起的不确切性。在理性认识的后一阶段中,经过主观的反复加工提炼,消除这种不确切性,才能得到完全科学的概念。

在主要使用模糊概念的知识领域,使用模糊思维是自然的。在精密科学中,模糊思维也是不可或缺的。卢嘉锡总结化学家从事科学研究的经验后指出,在情况尚属朦胧、推理论据还不充分的情况下,实际过程往往带有不确定性或模糊性。科学家要善于从模糊中察出端倪,看到轮廓,毛估过程的概况。“所谓毛估是一种近似的(包括半经验的近似计算)、定性的、概念性的描述、判断、估计和预测。而一切精确的计算则是基于这些正确概念基础上的‘上层建筑’。”[19]这种情形在所有精密科学中基本上都是相同的。

第八、九章中讨论了逻辑思维中的模糊性。创造性思维,如直觉、灵感、想象、假说等等,常常有模糊性,很难用精确的数学语言来描述。用模糊方法来描述可能更有效些。考夫曼认为,模糊熵概念可以刻画发明创造过程。他说:“发明出现在熵的下界既不太低、上界也不太高的范围内。”[15]这可能是探索模糊思维的一个有意义的方向。

10.4 模糊性与形象思维

形象思维是相对于抽象思维而言的。两种思维形式都是通过对感性材料的加工改造以达暴露事物本质和规律的目的,但实现目的的手段和思维的过程、方法、表述都有明显差别。抽象思维和形象思维都是模糊概念,不能苛求划出截然分明的界限。

人脑如何把握形象?目前所知甚少。但有一点是肯定的,人脑不是通过数值计算来把握形象的。形象性与模糊性有密切的内在联系,模糊思维在形象思维中占有基本的或主导的地位。

文艺家构思文艺作品的过程基本上是一种模糊思维的过程。在深入生活的实践中,文艺家着意收集的不是各种数据、报表、资料等信息形式,而是各种典型的形态、表情、动作、语言以及典型的生活镜头、片断等等模糊信息形式。在对感性材料进行加工改造时,抽象思维主要运用假说、论证、计算、实验验证等手段,对感性直观进行抽象和扬弃,形成定义、定理、定律、原理、公式等等,把事物的本质和规律直接陈述出来。形象思维则不同,它始终不能脱离具体的感性材料进行活动,而是对感性形象进行筛选、分解、组合、改造、编织,即典型化、集中化,造成典型的环境,典型的情节,典型的性格,典型的形象,描绘出鲜明的、美的生活画面,寓理于形象,让读者在美的享受中悟出事物的本质和规律。模糊性、不确定性渗透于这一过程的每一个环节中。

对事物进行模糊类比,是人们把握客观形象的一种手段。一种形象就是一个模糊事物类。落花、流水、春杏、芳堤,都是模糊事物类。柳叶眉和扫帚眉,杏核眼和三角眼,樱桃小口和血盆大口,都是模糊类比,能够简明生动地刻画出一定的形象,传达作者的某种感情信息。从认识发生学看,儿童要在成人引导下通过模糊类比建立形象概念,学习形象思维。比喻是作家塑造形象的有力手段。比喻的客观依据是事物之间的模糊相似关系。作家在创作中,要从事物之间多种相似关系中选择最准确最生动的相似关系,创造出新鲜、别致、奇警的比喻。这些都不能用精确方法刻画,因为它们是模糊的形象思维过程。

形象思维也要运用逻辑,但不是精确的二值逻辑。有人认为形象思维的逻辑属于多值逻辑。其实,形象思维的逻辑更多地属于模糊逻辑。名诗句"应是绿肥红瘦",是一个模糊判断;"书来墨淡知伊瘦",是一个模糊推理。文学用语也应遵循基本的语法规则,但又允许使用语法上不完全正确的句子,这也是文艺创作的模糊逻辑。画家构思画面,小说家构思故事情节,从粗糙而分散的原料到鲜明而典型化的形象,是大量使用模糊判断和推理的思维过程。诗人讲的推敲,例如北宋大政治家、诗人王安石推敲"绿""到""过",创作出绝妙诗句"春风又绿江南岸"的过程,是诗人搜寻最准确的模糊语词描绘江南春来美好画面的模糊思维过程,是任何精确数学分析不能取代的。当然,在形象思维中应用模糊逻辑也会有不同于抽象思维的特点,尚待探索。

科学研究贵在客观地反映事物,文艺作品贵在文艺家能动地创造。科学研究的结论力求有最大的普遍性、共同性,文艺作品力戒千人一面、千部一腔,力求塑造鲜明的个性。模糊事物的界限不分明性,模糊性中允许包含一定的主观成分,都为文艺家发挥个性、灵活性提供了实在的依据。齐白石说,作画妙在"似与不似之间"。按精确思维来看,这是一种自相矛盾;在模糊思维看来,这是文艺创作的至理名言,是模糊形象思维的一条定律。

从语言运用上说,形象思维和抽象思维也不同。语词都具有概念性和指物性,但不同词的抽象性和直观性有很大差别。塑造文艺形象要尽量选择形象性明显的词。原子、导数、规律、范畴等,这类词不能用于塑造形象。有些词在阐述理论和塑造形象时都可能使用,但前者主要发挥它的概念性,后者主要发挥它的指物性。词的指物性与模糊性相联系。用模糊词能塑造出鲜明的形象,表明模糊性与形象性有内在联系。精确的定量术语本质上不能刻画形象。《三国演义》用"卧蚕眉"三个字,生动地描绘了关云长的形象,透示出他的大丈夫气概。如果改用数学语言,建立眉毛边界曲线的函数表达式,确定眉毛密度和高度的分布函数,即使写出一篇大块数学论文,仍然不能让读者获得关云长的任何形象。用精确的数学语言塑造人物形象,塑造出来的只能是没有形象的人物。这也是一条形象思维的定律。

文艺作品中有时也使用数量词,但只起辅助词作用。这些词大多是概数词,即模糊数。"约摸五十来岁",明确地带有模糊限制词。"丈八长矛",语表虽然精确,语里还是一个模糊数。更有甚者,像李白的名句"白发三千丈",只是模糊地极言白发之长,并无实数三千的内涵。在极其精确的语表下寓以极其模糊的语里,这种奇特的矛盾结构,是文学夸张手法的一种有效的工具,能够收到精确数量词绝对不能达到的艺术效果。

以上主要是就使用自然语言的文学创作活动来讨论的。在美术、音乐、舞蹈等领域,形象思维可能具有更强烈的模糊性。科学研究也要有形象思维。这些问题的进一步探讨,已经超出本书预定的范围。

欣赏文艺作品也要运用模糊思维。文艺作品是一种模糊信息载体,不能用精确数学方法译码,北宋著名科学家沈括批评杜诗"霜皮溜雨四十围,黛色参天二千尺"的描写不符合实际,这种失误来源于他用精确科学的标准衡量诗人的文学语言,因而造成笑柄,也留下了教益。

最后一个问题是,这种模糊形象思维能否用数学手段表达。国内外都有人在作这方面的探索。如前所说,模糊词可用模糊集合刻画。比喻作为模糊事物的类比,可用模糊关系来刻画。想象或联想是一种模糊推理,也可用模糊集合论来刻画。国内有人运用模糊学探讨机器译诗问题,给出诗的数学定义,用逻辑范畴表示诗的格律、对仗、词调名等,提出美化算子、比喻算子、联想算子等概念,描述相应的文学修辞手段。[12]虽为初步设想,作为一种尝试,还是有价值的。

10.5　人脑如何作模式识别

所谓模式,指的是人脑中存储的有关认识对象的标准样本。人在同外界事物接触时,有意识地从头脑里的样本库中提取样本,与待识别的对象的特征相比较,按标准样本将对象归类,这种思维过程就是模式识别。每个人头脑里都存储有大量自己曾经接触过的人和物的形象,这些就是样本。有人扣门来访,你觉得来人似曾相识又一时记不起来,便开动机器,将来人的容貌与头脑中的样本比较,终于认出故人,这就是一种模式识别。我们的思维过程的大量内容就是这种模式识别活动。

标准样本是按照事物的一定性态对事物进行划分而建立起来的。按清晰性态确定的是清晰样本,按模糊性态确定的是模糊样本。被识别的对象总是非标准的,否则就用不着识别。按清晰样本进行识别是精确思维的内容,对象是标准样本的某种变形,经过适当处理,可以化为标准形式进行识别,作出非此即彼的结论。大多数模式识别是按模糊样本进行的。预报天气,诊断病情,辨认口音、字迹、容貌及其他图形,多为模糊识别。不但样本具有模糊性,识别的规则和方法也是模糊的。前一类模式识别可以编成严格的程序,化为一系列精确的计算,由机器来执行。模糊模式识别的机制要复杂得多,尚待探索。

人脑能作精确的模式识别,更善于作模糊的模式识别。人脑思维的低精度特点,在模式识别中成了得天独厚的优点。由于精度低,识别过程不必以获取大量精确数据为前提,只须依据少量模糊信息,即可作出足够准确的识别,因而适用范围广。人脑识别是能动的、灵活的,善于区分对象的主要特征和次要特征、稳定的特征和易变的特征,估计对象可能的变化或有意制造的假象。人脑的这些功能都与模糊性有关。

建立在概率论基础上的模式识别方法,叫作统计模式识别。由于人脑思维的不确定性特征主要是模糊性的而不是概率性的,统计模式识别与人脑的模式识别方式在机理上有重大差别。正在发展的以模糊学为基础的模式识别理论,将为理解人脑模式识别的机理提供有价值的材料。我们就模糊数学中有关模式识别的论述,[18]考察人脑识别活动的特点。模式识别按对象可分为个体识别和群体识别两类。当问题是论域上所有作为标准样本的模糊集合已经确定,要求识别论域中某个具体对象归属于哪个样本类(如手写字的识别)时,是个体识别。以英文字母的识别为例(中文也有类似问题。构成汉字的基本笔划具有模糊性,一个汉字代表一个模糊偏序结构,汉字识别系统要允许汉字笔划有一定的模糊度。)26个英文字母是26个样本,各代表一个模糊集合。给定一个手写字母,对于每个样本都有一定的隶属度,其中必有最大者,据之决定该手写字母隶属的样本。这叫作"最大隶属度原则"。如果待识别的对象不是论域上的个别对象而是模糊集合,叫作群体识别。这类识别活动是将待识别的模糊集合与所有作为样本的模糊集合进行比较,确定它与哪个样本最接近。这叫作"择近原则"。这些都是人脑模糊模式识别的常用方法。

下图是一个机器模式识别系统的结构方框图,由学习部分和识别部分组成,可以看作是人脑模式识别的一种简化模型。

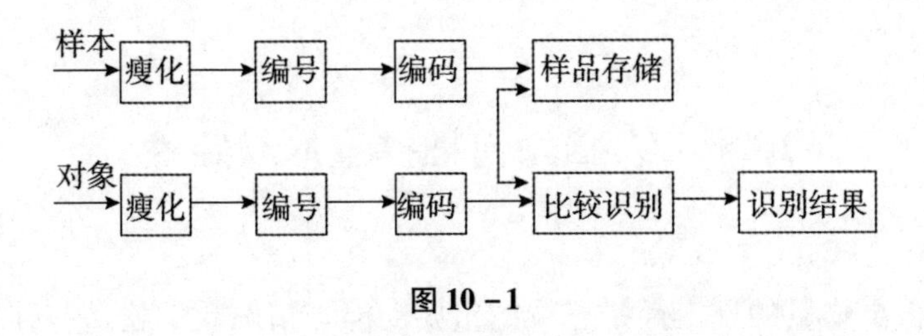

图10－1

从这个图中可以得出有关人脑模式识别机理的若干结论。

(1)人脑模式识别也由学习部分(学习过程)和识别部分(识别过程)组成。学习就是积累样本和锻炼识别能力。

(2)样本和对象的原有信息结构形式不适于在人脑中存储和比较,必须经过适当变换,变为适于在头脑中存储和比较的形式。搞清楚人脑以怎样的信息结构形式存储和比较模式,对于了解思维的机制是很重要的。

(3)模式识别能力是人脑思维能力的重要表现,取决于两个因素。一是存储的样本要多而准确,二是提取样本进行比较要快速而准确。

(4)上图表示的系统与人脑模式识别系统还有质的差别。例如,人脑在识别过程中同时进行学习,积累经验,或完善、强化原有的样本,或积累新的样本,或提高比较鉴别能力。这就是通常讲的"使用也是学习"的道理,是认识的能动性的表现。至少目前的机器识别系统还做不到这一点。

模式识别既涉及抽象思维,也涉及形象思维。图形识别就是形象思维的职能。钱学森指出,目前"我们还不清楚形象思维的规律:就是图形的识别也还是个大问题,不知道人脑是怎样识别图形的!"[29]运用模糊学研究模式识别,有助于解决这个问题,推动思维科学的发展。

10.6 人脑如何把握量的规定性

把握事物量的规定性是思维的重要功能。精确数学就是这种思维功能的产物和表现。但不能由此得出结论说,把握量的规定性是精确思维独具的功能。在那些过分复杂的对象领域,特别是人文社会现象中,一事物量的规定性往往没有任何物理的或几何的测量单位来度量。精确数学难于提供把握这种量的规定性的适当方法。人脑却能够处理这类问题,但使用的是另一类方法,一种能够把握模糊数量特性的方法。这是模糊思维的功能。

一种方法是运用主观打分、统计试验等不精确方法,把非数值的量的规定性数值化。学生的学业水平、对知识掌握的程度,也是量的规定性,但本质上是一种模糊的量的规定性,不能进行实际测量。教育家创造了命题考试、打分评定的办法,将其数值化。用少数题目很难全面考核学生掌握知识的多少和质量的高低,教师阅卷打分也难免有主观成分。但教育实践表明,用这种近似的、模糊的方法能够有效地反映出教学效果的量的规定性。学生对知识的"掌握"是一种模糊关系,考分是他对这种关系的隶属度。若把考分作为基本变量,考分取值范围作为论域 U = [0, 100],那么,优、良、中、及格、不及格五个模糊概念,都是 U 上的模糊集合。用这些模糊集合描述学生的学业水平和教学效果,在一定程度上还是有效的。

更普遍地说,人脑用语言方法把握过分复杂以至于无法加以近似地数值化的量的规定性。演员表演的准确度,干部的政策水平,这些量的规定性只能用语言方法把握。自然语言中有大量反映量的规定性的词多,如远近、深浅、强弱等,在相互比较中表示出事物在量的规定性上的差别。这些词还可以附加各种模糊限制词,能在各种程度上区别不同事物在量的规定性上的差别。清晰事物可以把它们从与其他事物的联系中暂时孤立开来,独立地加以研究。模糊事物只能在相互比较中加以研究和描述,有比较才有鉴别。模糊思维突出强调通过比较相对地识别事物的方法论意义。不去实地测定对象的各种参数的精确数值,而是用语言值比较对象在量的规定性方面的差别,在比较中把握量的规定性,是模糊思维的一条原则。

扎德认为:"语言方法的关键特征是必须用原始模糊集合代替测量单位这个概念。传统数学方法对于处理机械系统的威力来自像长度、面积、重量、力、电流、热等参数存在一个单位的集合。一般地说,人文系统不存在这种单位。""在语言方法中,与测量单位相当的作用是由一个或几个原始模糊集合来承担,别的集合由它们加语言算子而形成。这些合成集合相当于测量单位的倍数。"[53]扎德试图用模糊学来论证人脑的模糊思维是如何把握量的规定性的。

各行业的专家,经验丰富的技工,都有某种把握模糊数量关系的出众才能。这种能力无法用精确思维说明,它们是模糊思维的机能。这在儿童认识的发生过程中也有表现。儿童不但要学习数数,用精确方法把握事物量的规定性,而且要学习用语言方法在比较中相对地把握事物量的差别,而后者较前者更难掌握。常常是先学会数数,后学会语言方法。用语言方法把握量的规定性,同样是一种高级思维能力,值得加以研究。

思考题

1. 什么是模糊思维?
2. 模糊逻辑思维有哪些特点?
3. 试述模糊思维在科学创造活动中的作用。
4. 试述模糊思维在文艺创作活动中的作用。

第十一章　模糊系统理论

系统科学是以现实世界普遍存在的系统现象、系统效应、系统规律为研究对象的学科，包括控制论、运筹学、一般系统论、自组织理论等系统理论，也包括系统工程。系统科学是模糊学最重要的应用领域之一。本章介绍模糊系统理论的若干基本概念，它们对于深入领会模糊学的要义颇有价值。

11.1　系统性与模糊性

两个以上的对象相互联系、相互作用而形成的具有特定功能的整体，叫作系统。作为系统基本构成成分的对象，叫作元素。按照一般系统论创始人、美籍奥地利学者贝塔朗菲的定义，系统是“相互作用的诸元素的复合体”。[1]系统与集合根本不同。集合论的创始人、德国数学家康托给集合下定义时，规定元素必须是确定的、彼此可以区分的对象，有意舍弃了元素之间的相互联系和作用。而系统的着眼点恰在于元素之间的相互联系和作用。所谓系统性，就是组成系统的元素之间的相互联系性、制约性以及由此规定的系统结构与功能的整体性。系统的一切属性都产生于元素的相互联系和作用之中。因此，用集合论来描述系统不能不具有局限性。

系统元素之间的联系有其外在的表现,即通过外加的联接环节、线路、接口等实现联系,如在机械系统中常见的联接方式。但更为重要的是元素之间内在的辩证联系:组织在同一系统整体中的不同元素相互依存、相互渗透、相互过渡。正是这种内在联系形成了系统的整体新质(系统质),并赋予每个元素以它处于游离态时不可能有的新质。如处于社会系统中的个人获得了生物学意义上的个人不可能有的社会本质。任何元素的本质不仅取决于它自身的内在矛盾,而且由它与所在系统中的其他元素的相互联系和作用来规定。与集合不同,系统的元素之间本质上不存在明确的界限,只能相对地加以划分。在简单的机械系统中,元素划分的模糊性尚不太明显。在较为复杂的机械系统中,元素的模糊性已不容忽视。在复杂的人文社会系统中,元素的模糊性特别明显和重要。一些用系统观点分析战争现象的作者,常把民心、士气等作为战争系统的要素,这些要素是最典型的模糊事物。元素或要素的这种模糊性是构成整个系统模糊性的根基。

在系统中,随着元素个数的增加,元素间相互联系的复杂性以快得多的速度增加。在由 k 个元素组成的系统中,元素间的两两相互联系就有 $\frac{1}{2}k(k-1)$ 种。但系统内部的联系不限于成对元素之间的联系。多元素系统常分为若干相对独立的分系统,又分为不同的层次等级,相互之间又是联系着的。分系统和层次也是模糊概念。不同分系统之间常常相互交叉、重叠、渗透。一个都市系统包含教育、工交、行政等职能显然不同的分系统。而工厂内又有夜校、各种培训班之类执行教育职能的机构,学校中有校办工厂,可谓你中有我,我中有你。远距离看,不同层次是分明的,近距离看或具体确定相邻层次的界线时,总会发现界限是不分明的。分系统和层次的模糊性,进一步加强了整系统的模糊性。

系统是相对于环境而划分的。既然世界上的一切事物都处于普遍联系之中，一切皆成系统，系统与环境的划分也是相对的、模糊的。绝对的非系统是不存在的。在世界万物中，从系统到非系统，从有序到无序，也是逐步过渡而非突然改变的。系统性和有序性都是模糊概念。由一切系统构成的集合，是一个模糊集合。

系统内在结构的种种模糊性，系统与环境联系上的模糊性，产生了系统的特性、状态、功能上的模糊性。系统性和模糊性有内在的本质的联系。凡系统（形式化系统除外）必有模糊性，只是不同的系统在模糊性的表现形式和程度上有区别而已。系统内外联系愈多样复杂，组织水平愈高，模糊性一般也就愈强。比较地看，力学系统和人文系统，无生命系统和生命系统，简单系统和复杂大系统，前者模糊性小，用精确方法处理容易奏效；后者模糊性大，难于用精确方法处理。复杂大系统、人文社会系统在性质上往往适于用模糊学方法来描述。

扎德用著名的不相容性原理概括了模糊性与复杂性的联系。"非正式地说，这个原理的本质是，随着系统复杂性的增加，我们作出关于系统行为的精确而有意义的陈述的能力将降低，越过一定阈值，精确性和有意义（或适用）几乎成为相互排斥的特性。"[49]不相容性原理是扎德创立模糊学的思想基石。应当说，系统元素的相互联系、相互作用对系统性态的影响，不可能用模糊性全部表述出来。模糊集合也还不是描述系统性的理想工具。但同经典集合相比，模糊集合对表述系统性要更有力些。

11.2　模糊信息

信息可以通俗地定义为消息中包含的内容。用精确的或确切的语句表述的消息，如"张龙 27 岁"，"a = 10"，"气温 10℃"，所包含的是精确信息。用模糊语句表述的消息，如"赵虎较年轻"，"b 大致为 10"，"天气有点冷"，所包含的是模糊信息。显然，人们通常接收和处理的信息，绝大部分是模糊信息。

信息是一种系统现象或系统效应。只有当被称为信源和信宿的物体相互联系形成信息系统时，才有信息的实际产生和传送。就其内容讲，信息表征的是信源的特性和状态；就其作用讲，信息能够消除信宿的不确定性，使之有序化。当信源是清晰事物时，表征其性态的是精确信息。消息集合中的各个可能消息（表征信源的可能状态）可用状态空间的点来表示。不确定性只表现为诸多可能消息中哪一个实际发生是不确定的。这是一种随机性，可用概率论为工具定量描述，这就是美国数学家申农创立的信息论。当信源是模糊事物时，表征其性态的是模糊信息。消息集合中各个可能消息本身含义不明确，彼此界限不清晰，不确定性首先表现为信息含义的模糊性。申农信息论不能描述这种不确定性。模糊信息可以用状态空间上的模糊集合表述，需要用模糊数学定量描述。

申农信息论研究的是语法信息，这对于解决信息传输问题是充分的。信息科学的进一步发展，要求描述和处理信息的语义问题，产生了语义信息概念。由于自然语言的模糊性，研究语义信息不能不应用模糊学。申农信息论不考虑信息与信宿的关系，不考虑信息对信宿的价值。但现实的信息系统中，信息的效用和价值与信宿的主观方面密切相关。这就产生了语用信息概念。主观性必然有模糊性。研究语用信息同样要考虑信息的模糊性，要应用模糊学。信息科学的发展，研究语义信息和语用信息的需要，提出了研究模糊信息论的必要性。

1968 年，扎德提出模糊集合论可用于信息处理，首先将模糊学与信息论联系起来。[45] 进入 70 年代，考夫曼、德路卡等人把信息熵概念推广，提出模糊熵，并用于决策分析。[17] 考夫曼把模糊集合 $\underset{\sim}{A}$ 的熵 $\underset{\sim}{H}(\underset{\sim}{A})$ 定义为：

$$\underset{\sim}{H}(\underset{\sim}{A}) = -\frac{1}{\ln n}\sum_{i=1}^{n} \pi_{\underset{\sim}{A}}(x_i)\ln\pi_{\underset{\sim}{A}}(x_i) \qquad (11.1)$$

其中：

$$\pi_{\underset{\sim}{A}}(x_i) = \frac{\underset{\sim}{A}(x_i)}{\sum_{i=1}^{n} \underset{\sim}{A}(x_i)} \tag{11.2}$$

德路卡从申农函数

$$S(x) = -x\ln x - (1-x)\ln(1-x) \tag{11.3}$$

出发,把模糊熵 $\underset{\sim}{H}(\underset{\sim}{A})$定义为:

$$\underset{\sim}{H}(\underset{\sim}{A}) = -\frac{1}{n\ln 2}\sum_{i=1}^{n} S(\underset{\sim}{A}(x_i)) \tag{11.4}$$

(11.1)和(11.4)是关于模糊集合 $\underset{\sim}{A}$ 的模糊性程度的度量。当 $\underset{\sim}{A}$ 表示一定模糊信息时,它们是对信息的模糊不定性的某种度量。模糊熵还有别的定义方法。定义的不统一,反映了模糊信息论还很不成熟。

国内学者也对模糊信息作了一些有益的探索。但总的来说,不论国内或国外,深入的成果都不多。

11.3 模糊系统

和11.1节不同,本节侧重于从系统的数学描述来讨论模糊系统的一般特征以及它与精确系统的关系。

系统科学所考察的几乎都是开放系统,即同外界环境不断进行物质、能量、信息交换的系统。环境对系统的作用统称为系统的输入,记作 u。系统对环境的作用统称为系统的输出,记作 y。表征系统行为的一组参数叫作系统的状态,记作 x。一个系统可以图示如下:

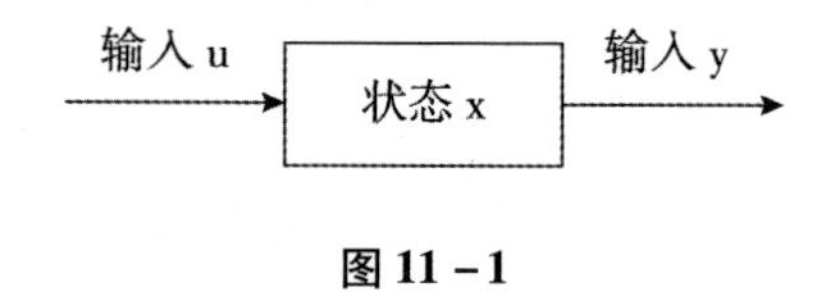

图 11-1

系统的输入、输出和状态一般均为变量,叫作输入变量、输出变量和状态变量,其变化范围分别是输入空间 U、输出空间 Y、状态空间 X。定量描述一个系统,就是给出 U、X、Y(都是经典集合),确定系统状态转移规律(在输入作用下,系统怎样从一种状态转移到另一种状态)和输出对输入激励的响应规律,即建立系统的数学模型。

经典系统论在建立系统数学模型时,实际上假定了输入和输出可以精确测量,状态变量可以精确描述(不一定要求能够实测),因而可以建立精确的数学模型。设 δ 记状态转移函数,σ 记输出响应函数,分别定义为:

$$\delta: X \times U \to X, \qquad X_{t+1} = \delta(x_t, u_t) \tag{11.5}$$

$$\sigma: X \to Y, \qquad y_t = \sigma(x_t) \tag{11.6}$$

(11.5)和(11.6)就是系统的状态方程。因此,一个系统 S 定义为一个五元组:

$$S = \{U, X, Y, \delta, \sigma\} \tag{11.7}$$

满足或近似满足上述假定的系统是精确系统。模糊系统由于内部结构和属性上的模糊性,状态转移规律和输出响应规律都不能用精确定义的函数来描述。模糊系统的特点是,在输入(模糊的或非模糊的)作用下,系统由一种模糊状态模糊地转移到另一种模糊状态。这需要用模糊学方法来描述。把模糊系统的输入 $\underset{\sim}{u}$、输出 $\underset{\sim}{y}$、状态 $\underset{\sim}{x}$ 分别定义为 U、Y、X 上的模糊集合[即 $u \in J(U), y \in J(Y), x \in J(x)$],则模糊系统 S 可定义为五元组:

$$\underset{\sim}{S} = \{U, Y, X, \delta, \sigma\} \tag{11.8}$$

其中,$\underset{\sim}{\delta}$ 是系统的模糊状态转移函数:

$$\underset{\sim}{\delta}: J(X) \times J(U) \to J(X) \tag{11.8}$$

$\underset{\sim}{\sigma}$ 是系统的模糊输出函数

$$\underset{\sim}{\sigma}: J(X) \to J(Y) \tag{11.9}$$

设 $\underset{\sim}{S}$ 为离散时不变系统,x_t 与 $\underset{\sim}{x}_{t+1}$ 分别为系统在时刻 t 和 t+1 的状态(模糊集合),u_t 为 t 时刻的输入,y_t、$\underset{\sim}{y}_{t+1}$ 分别为 t 和 t+1 时刻的输出,则模糊系统 $\underset{\sim}{S}$ 的状态方程为

$$\underset{\sim}{x}_{t+1} = \underset{\sim}{\delta}(x_t, u_t), \underset{\sim}{u}_t \in J(U), x_t, x_{t+1} \in J(X) \tag{11.10}$$

$$\underset{\sim}{y}_t = \underset{\sim}{\sigma}(\underset{\sim}{x}_t), \underset{\sim}{y}_t \in J(Y), \underset{\sim}{x}_t \in J(X) \tag{11.11}$$

有了(11.10)和(11.11),可以进一步定义模糊系统的可达性、可观测性等概念。

以上结果是在经典系统理论的框架内,用模糊集合代替经典集合,把经典系统理论加以推广而得到的。这是模糊系统的形式化描述。目前已经产生了一批抽象的结果,它们在数学的严格性上并不比经典系统理论逊色多少。

但是,模糊系统的这一形式化发展方向未能充分体现模糊学的基本思想。美国学者达布和普瑞德指出:"模糊系统的一般理论或许需要比把非模糊的经典概念直线式的推广更多的想象力。既然由扎德开创的近似推理根本背离了多值逻辑,模糊系统理论或许应当在经典系统的理论框架之外发展。"[5]扎德的语言方法指出了这个发展方向。对于典型的模糊系统,输入、输出和状态都是用模糊语词来表述的,状态转移规律和输出响应规律只能用模糊条件语句来表述。这类系统应当运用在模糊集基础上建立的全新理论和方法来处理。目前,模糊控制理论已经在这个方向上有所创建。

11.4 模糊控制

闭环控制系统的结构关系和工作原理如下图所示:

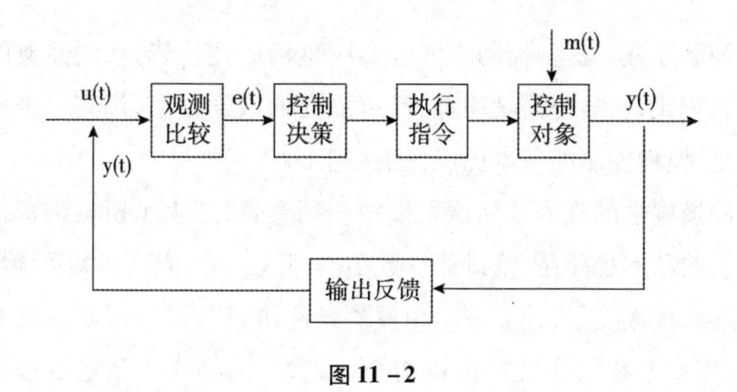

图 11 - 2

在经典控制理论考察的系统中,观测机构收集到种种精确的信息和数据,经过比较,以误差(控制规律要求的量和被控制量实测值之差)形式输入决策机构,经过精确的信息处理,向执行机构输送精确表述的控制指令,驱使对象按预定控制规律运转,达到可以按精确定义的性能判据来衡量的控制目的。这类系统的特点是能够建立精确的数学模型(或为传递函数,或为状态方程)。

把这种控制理论模糊化,可以得出一套相应的模糊控制理论的概念、原理和方法。这样得到的结果,尽管数学上很精确、漂亮,对于解决复杂系统的控制问题究竟有多大效果,或者说能否比经典控制方法明显有效,令人怀疑。模糊系统理论工作者注意到,对于那些不能用现有控制理论实行自动控制的复杂生产过程,有经验的技师能够凭经验有效地进行控制。但他们遵循的是另一种不同的控制方式。这就提出了发展控制理论的另一途径:考察人工控制复杂过程的机理,总结出一套理论和方法,让机器也能像熟练技师那样控制复杂过程。模糊学为此提供了理论依据。

让我们考察一个极普通的例子:往高墙上贴画。控制目的是把画贴到高墙的适当位置上(模糊目标)。站在地面的控制决策者通过不精确的观测,得到一系列用模糊语词“偏右”“太低”“左边有点高”等表述的、有关对象模糊状态的信息,向站在高凳上的执行者发出“往左移”“抬高,再抬高”“左边降一点”之类的模糊控制指令,经过若干次反馈调整,便可以完成控制任务。这种控制方式在实际生活中比比皆是,同经典的自动控制方式相比,它显得简陋粗糙,没有漂亮的数学模型,没有理论的诱惑力。但是,模糊控制的基本优点也正在于此。

应用模糊学的观点总结这种模糊控制方式,产生了模糊语言控制的概念。它的基本思想是:绕过建立数学模型这一关,依据有关系统性态的定性描述和模糊度量,建立一组用模糊条件语句“若 A,则 B”(例如,“若画偏低,则往上移”)表述的模糊指令,以适当的模糊关系定量描述这些模糊指令,就可以输入控制器,让机器执行这些模糊指令,模仿人对复杂过程进行自动控制。

下面介绍模糊学文献中常常提到的水位控制问题,以说明模糊控制的要点。图 11-3 为一水箱,K 是调节阀门。0 记标准水位。控制任务是保持水位于标准值。控制量是阀门开度 u。设阀门正向开大代表注水,负向开大代表排水。e 是实际水位与标准水位之差。在实际工作过程中,e 是连续变化的。把 e 和 u 的数值离散化,分为五档,分别为正大,正小,0,负小,负大。于是,控制指令为以下一组模糊条件语句:

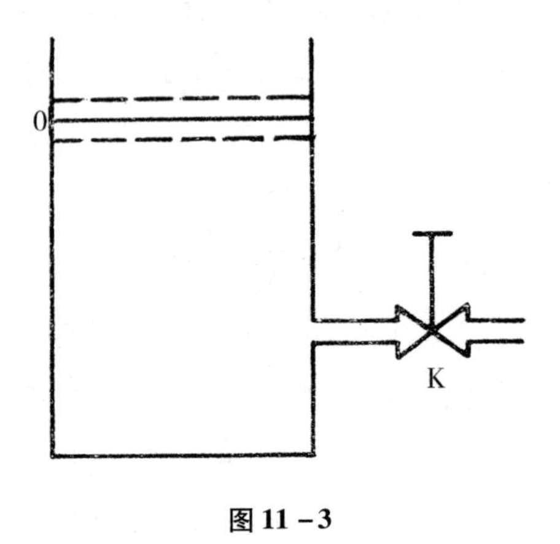

图 11-3

若 e 正大,则 u 负大;

若 e 正小,则 u 负小;

若 e 为 0,则 u 为 0;

若 e 负小,则 u 正小;

若 e 负大,则 u 正大。

用适当的模糊集合表示正大、正小、0、负小、负大,用适当的模糊关系表示各个模糊指令,就形成了控制系统的一种模糊的定量模型。设计适当的控制器,即可实现对水位的自动控制。

模糊语言控制器概念,由英国学者曼丹尼于 1974 年首次提出。[20] 随后得到许多国家学者的响应。我国也已开展了对模糊控制理论及其应用的研究。模糊控制已被应用于工业过程,有的已进入商品生产。这是模糊学成功地应用于实际的重要一例,显示出模糊学解决复杂问题的有效性。模糊控制理论的研究也有助于人们了解人脑思维的机制,对于思维科学和哲学都有意义。

11.5 模糊事理

事物即事和物。物有定则,事有常理,其间的规律性都是科学考察的对象。研究物质运动规律的有硬科学。所谓事,指的是人所参与的各种活动,就是办事。办事的规律和道理,叫作事理。以往的事理活动是凭经验处理的对象,不为科学和理论所问津。本世纪以来,随着管理学、运筹学、系统工程的先后兴起,事理活动开始成为科学和理论考察的对象,形成所谓软科学,或曰事理学。[43]

一切事理活动都是由若干相互联系的部分组成的系统,叫作事理系统。事理活动是人的有目的的活动,在客观上必然存在限制或约束。事理活动的中心环节是运筹决策。目标、约束、运筹决策是构成事理系统的三个要素。如何从一定的约束条件出发,经过运筹帷幄,作出达到预定目标的科学决策,是事理学要回答的问题。作为事理学的数学工具,运筹学用数学语言刻画事理活动的目标和约束条件,形成事理系统的数学模型,把作出决策归结为求数学模型的最优解。实践表明,相当多的事理问题可以用这种精确方法去解决。

但是,精确的系统工程方法在处理大型复杂事理系统时遇到难以克服的困难。事理活动是由人流、物流、信息流交织而成的系统。人(包括管理者和被管理者)的信念、判断、意向和经验在事理活动中起重要作用,主观因素固有的模糊性起重要作用。复杂的事理活动涉及的数据、资料、信息的数量极大,往往无法精确测量,只能通过统计、估测、打分的办法得到,甚至是用自然语言定性描述的。这一切决定了事理系统本质上是模糊系统。简单事理系统可用精确方法作近似描述。对于过分复杂的事理系统,要作出既精确又符合实际的描述是困难的。扎德认为:“情况可能是这样的,以精确处理数据为基础的系统分析和计算机模拟的惯用技术,在本质上不能把握人类思维过程和决策过程的巨大复杂性。接受这个前提就意味着,要能够对人文系统的性态作出有意义的断言,看来必须放弃高标准的严格性和精确性这个作为构造良好的力学系统的数学分析所期望的条件,使之成为更宽泛的、性质上近似的方法。”[52] 他对系统工程研究中一味追求高深数学方法而不顾及实际应用的风气一再提出批评。

模糊事理学目前主要研究的是规划问题、博奕问题、决策问题。这里仅就模糊线性规划的基本概念作一个介绍。

先看精确的线性规划。设某一事理活动涉及 n 个待选项目 x_1, $x_2,\cdots,x_n$,用向量表示为 $x=(x_1,x_2,\cdots,x_n)^T$。已知 $g=(a_1,a_2,\cdots,a_n)$, $b=(b_1,b_2,\cdots,b_n)^T$, $A=(a_{ij})$ 为 $m\times n$ 阶系数矩阵。一个经典的线性规划的数学模型为:

$$\text{目标函数}\quad G = gx \tag{11.12}$$

$$\text{约束条件}\quad Ax \leqslant b$$

$$x \geqslant 0 \tag{11.13}$$

解上述方程，求出一组 $x_1, x_2, \cdots, x_n$，使得在满足约束条件(11.13)的前提下，目标函数(11.12)达到最优值(最大值或最小值)，就是所要求的规划。

模糊规划中的目标函数和约束条件都是模糊的，不能严格地表示为上述形式。考虑这种模糊性，规划问题的提法应该是：选定一组待选项目 $x_1, x_2, \cdots, x_n$ 的值，在满足约束条件 $\underset{\sim}{A}\,x$ 大致小于 b 的前提下，使目标函数大致等于某个期望值 g_0。以 $\underset{\sim}{\leqslant}$ 记模糊的等于或小于关系，按联邦德国数学家齐默曼的定义[61][62]，模糊线性规划的数学模型为：

$$\text{目标函数}\quad gx \leqslant g_o \tag{11.14}$$

$$\text{约束条件}\quad \underset{\sim}{A}\,x \leqslant b$$

$$x \geqslant 0 \tag{11.15}$$

由(11.14)和(11.15)结合得出：

$$\underset{(B)}{\begin{bmatrix} g_1 & g_2 & \cdots & g_n \\ a_{11} & a_{12} & \cdots & a_{1n} \\ \vdots & \vdots & & \vdots \\ a_{m1} & a_{m2} & \cdots & a_{mn} \end{bmatrix}} \cdot \underset{(X)}{\begin{bmatrix} x_1 \\ x_2 \\ \vdots \\ x_n \end{bmatrix}} \underset{\sim}{\leqslant} \underset{b'}{\begin{bmatrix} g_0 \\ b_1 \\ \vdots \\ b_m \end{bmatrix}} \tag{11.16}$$

简记作：

$$BX \underset{\sim}{\leqslant} b' \tag{11.17}$$

例如，设目标函数为：

$$G = 2x_1 + 3x_2 \tag{11.18}$$

取期望水平 $g_0 = 100$，约束条件为：

$$\begin{aligned} & x_1 + 2x_2 \underset{\sim}{\leqslant} 60 \\ & x_1, x_2 \geqslant 0 \end{aligned} \tag{11.19}$$

用矩阵表示为：

$$\begin{pmatrix} 2 & 3 \\ 1 & 2 \end{pmatrix} \cdot \begin{pmatrix} x_1 \\ x_2 \end{pmatrix} \underset{\sim}{\leqslant} \begin{pmatrix} 100 \\ 60 \end{pmatrix} \tag{11.20}$$

(B)　(X)　(b)

即：

$$\underset{\sim}{B}\ X \underset{\sim}{\leqslant} b \tag{11.21}$$

依据问题的具体条件确定(11.21)的隶属函数，即可按模糊数学方法计算其模糊最优解。

上述处理方法属于模糊规划的形式化方法，即把精确数学规划的概念框架模糊化的方法。用语言方法讨论规划等事理问题的研究似乎还没有开展。值得一提的是美国著名经济学家 H. 西蒙的工作。西蒙批评最优化原则过分严格、精确，实际上做不到，人们在实际决策中满足于“足够好”、甚至“过得去”。他建议用“令人满意”[32]原则代替最优化原则，指责传统方法有过分数学化的倾向。西蒙从管理科学出发，殊途同归地获得了和扎德相近的结论。最优化原则实质上是精确方法的原则，令人满意原则是模糊方法的原则。管理科学的理论和实践需要模糊学，并产生模糊学的原理和方法。模糊学家应当研究管理学家的著作，吸取有益的成果，用以丰富模糊系统分析方法。

11.6　模糊决策

广义地讲，各种事理问题，如规划、博奕、排队、搜索、库存等问题，都包括决策问题，运筹就是做出决策。事理论是广义的决策论。狭义地讲，决策论研究一类特殊的博奕活动，即以决策者为一方、以环境为另一方的博奕。经典决策论把决策分为确定型的和不确定型的，但只考虑随机性这种不确定性。迄今推动决策理论发展的是经典数学和统计数学。而决策问题涉及的不确定性大量表现为模糊性,或者随机性与模糊性同时并存。环境一方的“策略”极少可能进行精确的数学描述。决策总是在多种不同的、相互矛盾的因素中进行选择,决策活动中处处会碰到界线不清、不能一刀切的问题。决策过程中需要处理的大多不是精确的数据,而是含混的概念和陈述。决策问题比其他事理问题表现了更多的模糊性。

模糊决策论尚处于初始阶段,成熟的工作不多。但人类进行模糊决策的实践由来久远,实际经验非常丰富。人们早在知道决策和决策论这些术语之前,一直在生活、生产、政治、军事、经济等方面进行各种决策。特别是一些在历史上卓有建树的革命家、国务活动家、军事家和实业家,他们的业绩中都包括有许多著名的决策。在没有现代决策理论和数学工具的条件下,他们的成功决策都是模糊决策。用现代科学方法总结以往模糊决策的经验,有助于发展模糊决策理论。

凡决策都包括对有关因素的综合评价。在结束本章之前,我们介绍运用模糊方法进行综合评价的一个简化例子。

对于同一门课程,不同学生因着眼角度的不同而有不同的评价。现在要按照学生对一门课程的反映作综合评价。令 U 是评价的着眼因素集,V 是评语集,分别为:

$$U=\{\text{课程内容,讲授方法}\},$$

$$V=\{\text{很满意,较满意,不满意}\}$$

对全体听课学生进行调查的结果,单就讲课内容看,60% 很满意,20% 较满意,20% 不满意;单就讲授方法看,30% 很满意,50% 较满意,20% 不满意。于是得到一个从 U 到 V 的模糊关系 $\underset{\sim}{R}$,其矩阵表示为:

$$\underset{\sim}{R}=\begin{pmatrix}0.6 & 0.2 & 0.2\\ 0.3 & 0.5 & 0.2\end{pmatrix} \tag{11.22}$$

这是针对两个着眼因素分别进行的评价,$\underset{\sim}{R}$ 叫作单因素评价矩阵。实际要求的是综合评价,要反映出不同因素在评价中的权重的不同。着眼因素的权重是个模糊概念,用 U 上的模糊集合 $\underset{\sim}{A}$ 表示。某一因素的权重就是该因素对 $\underset{\sim}{A}$ 的隶属度。设课程内容和讲课方法的权重分别为 0.6 和 0.4(诸因素权重之和应为 1),则有:

$$\underset{\sim}{A} = (0.6, 0.4) \tag{11.23}$$

综合评价就是要把单因素评价按各因素的权重综合起来。以 $\underset{\sim}{B}$ 表示综合评价的模糊集合,定义为:

$$\underset{\sim}{B} = \underset{\sim}{A} \circ \underset{\sim}{R} \tag{11.24}$$

就本例具体计算得:

$$\begin{aligned} \underset{\sim}{B} &= (0.6, 0.4) \circ \begin{pmatrix} 0.6 & 0.2 & 0.2 \\ 0.3 & 0.5 & 0.2 \end{pmatrix} \\ &= (0.6, 0.4, 0.2) \end{aligned} \tag{11.25}$$

将 $\underset{\sim}{B}$ 归一化,用 0.6+0.4+0.2=1.2 除 $\underset{\sim}{B}$,得:

$$\underset{\sim}{B}^{*} = (0.50, 0.33, 0.17) \tag{11.26}$$

这就是所要求的综合评价。

思考与练习题

1. 试述模糊系统理论的两个基本发展方向。
2. 举出一个日常生活中的模糊控制实例,并分析其特点。
3. 试证熵 $\underset{\sim}{H}(\underset{\sim}{A}) = \underset{\sim}{H}(\underset{\sim}{A}^{c})$。
4. 设评价服装的着眼因素集 U 和评语集 V 分别为:

U = {花色色样,耐穿程度,价格费用},

V = {很欢迎,较欢迎,不欢迎}。

给定:

$$\underset{\sim}{R} = \begin{bmatrix} 0.3 & 0.6 & 0.1 & 0 \\ 0.1 & 0.4 & 0 & 0.5 \\ 0.2 & 0.3 & 0.4 & 0.1 \end{bmatrix}$$

$$\underset{\sim}{A} = (0.2, 0.5, 0.3)$$

试作综合评价。

第十二章　模糊方法

模糊学的提出,主要是对科学方法论的革新。前面各章都是以介绍模糊方法为中心而展开的。本章将这些讨论略加系统化,以期读者对模糊方法有较完整的了解。

12.1　模糊学是一门方法性学科

与物理学、生物学等学科不同,模糊学不是以某种物质运动形态为研究对象的学科,而是在各个学科领域内以不同形式、不同程度普遍存在的模糊性现象、属性、关系、过程等为研究对象的学科。它的任务是制定一个能够科学地描述和处理模糊性问题的概念体系和方法论框架。与系统论、信息论、控制论一样,模糊学也是一门横贯学科,它们都是在现代科学技术日益走向用综合性、整体性观点研究大型的、复杂的、不确定性的对象这一潮流中出现的学科。

模糊学代表一种关于现实世界的基本看法,一种系统的观点。我们生活在其中的这个世界是简单的,还是复杂的?是精确的,还是模糊的?是完全确定的,还是包含有不确定性的?传统观点认为,现实世界在本质上是简单的、精确的、完全确定的,对一切事物都可以用简单而确定的模型作出精确的描述。模糊学向这种观点提出挑战,宣称现实世界在本质上是复杂的、不精确的、具有不确定性的,用简单而确定的模型只能对某些对象作出精确描述;对于过分复杂、过分不确定的对象来说,用这种精确而确定的方法是不适当的,应当用模糊方法描述模糊事物,把复杂事物当作复杂事物来处理。模糊学提供的首先是一种观察世界的基本方法。精确性和复杂性、精确性和模糊性的矛盾,是现代科学、技术和社会管理中常见的矛盾。从事现代科学技术和社会管理工作的人,应当充分认识这种矛盾,认真对待这种矛盾,应当了解模糊学的基本观点,掌握处理这种矛盾的方法。模糊学就是适应这种需要而产生的一门方法性学科。模糊学提供了一套处理模糊问题的概念体系,一套科学的语言。毫无疑问,模糊学是现代科学方法论体系中一个新的组成部分。

12.2　一般模糊方法

在最一般的意义上讲,凡是从考察对象的模糊性方面提出问题、分析问题和解决问题的方法,不论是经验式的还是理论的,定性的还是定量的,都是模糊方法。

模糊方法与控制论中的黑箱方法有某种类似之处。它不是立足于把复杂的对象分解为一个个单因素,逐个加以精确描述和处理,弄清复杂对象的内在机制;而是强调从大量单因素相互作用在整体上所呈现出来的模糊性去把握对象,作综合的描述和处理。模糊方法体现了辩证法抓主要矛盾的思想,在复杂的模糊环境中,抓住对象的主要特征,略去次要特征,运用粗线条的算法,机动灵活、大刀阔斧地处理问题。

远在人们知道模糊方法这个术语之前,人们早就在实际中使用各种各样的模糊方法。但是在 1965 年之前,这些方法还停留在经验的、定性的水平上。模糊学的诞生在以下几方面发展和提高了模糊方法。

第一,明确地提出模糊方法这一概念,肯定了它的科学价值,使过去不自觉地使用的方法,变为自觉的方法,并获得了统一的表述,揭示了这些经验方法的共同特征。

第二,明确地提出模糊性和模糊集合这两个极为有用的概念,为众多领域的研究者提供了定性分析对象的新工具。这里讲的定性地使用模糊集合概念,就是把要考察的事物看作一种模糊集合(模糊事物类),但不是着眼于建立集合的隶属函数并作定量运算,而是根据模糊集合的基本性质和结构特点分析这些模糊事物类,从中引出必要的结论。目前在人文社会科学中应用模糊学的文章,如语言学、文艺学、历史学、哲学等等,大都是这样定性地使用模糊集合概念的。以一个科学学的问题为例。一些原本有明确研究范围的学科后来变得没有明确范围,若干原本有明确分界线的学科后来变得界线不分明,这种现象在现代科学中是常见的。如社会科学和自然科学过去被视为界线截然分明的,今天则界线模糊了。从模糊学的观点看,任何一门科学的研究对象都是一个模糊事物类,一个正则模糊集合 $\underset{\sim}{A}$。在它的开发史上,早期的工作集中在集合的核心部分 $\mathrm{Ker}\underset{\sim}{A}$ 内,那里的对象都是典型的,可以看作是经典集合,有明确的范围。随着研究工作的发展,总有一天要从核心部分扩展到模糊集合的边缘部分 $\mathrm{Peri}\underset{\sim}{A}$,那里的对象是非典型的。离开核心部分越远,对象的非典型性就越大。于是,原来学科的研究范围显得不分明了,与别的学科的界线显得模糊了。著名的哲学家声称他不知道什么是哲学,微分几何大师宣称他不知道什么是微分几何,都反映了这一点。

第三,运用模糊学对经验形态的模糊方法加以总结,使之具有理论形态,这是模糊学对发展模糊方法的最重要贡献。为了与经验形态的模糊方法区别开来,我们把这种理论形态的模糊方法特别称为模糊学方法。目前,模糊学方法主要有模糊集合论方法、模糊化方法和语言方法三种形式。

12.3 模糊集合论方法

模糊集合论方法,或简称模糊集方法,是模糊学方法的基础和核心部分。这种方法要求把待考察的模糊对象及反映它的模糊概念当作一定的模糊集合,建立适当的隶属函数,通过模糊集合的有关运算和变换,对研究对象进行定量分析。

模糊集合论方法是一种数学方法,基本要点仍然是建立对象的数学模型。传统的数学模型建立在关于对象的精确测定的数据之上。当对象过分复杂、无法获得有关参数的精确数据时,不可能建立传统的数学模型。模糊学提出建立复杂对象的模糊数学模型的思想,推广了数学模型概念。根据有关复杂对象的各种不太精确的、往往包含主观成分的数据,适当地指定隶属函数,建立起描述对象的模糊集合,或者是建立在模糊集合基础上的其他更复杂的数学结构,就是关于对象的模糊数学模型。这种模型本身包含了对象模糊性的有关信息,但在对模型进行分析处理时,使用的仍然是严格的数学方法,与精确数学没有原则的区别。模糊集合论方法代表一套关于如何建立对象的模糊模型、如何分析处理这种模型的原理和技术。

模糊集合论方法为人们总结经验、使经验的模糊方法上升为理论的模糊方法提供了广泛的可能性。特别是对一些著名专家和学者、有经验的技师和老工人的高超经验,可以用模糊集方法进行总结,并让计算机来模仿实现。国内医学界对著名中医关幼波治肝病的经验进行总结,就是成功的一例。数学家们还把人们惯用的对模糊事物进行比较对照、摘优选用的方法,用模糊集方法加以提炼,提出了模糊学中颇为重要的最大隶属度原则。它的数学表述是:

设 $\underset{\sim}{A}_1,\underset{\sim}{A}_2,\cdots,\underset{\sim}{A}_n$ 是论域 U 上的 n 个模糊集合，x_0 是 U 中的一个指定的元素，若

$$\mu_{\underset{\sim}{A}i}(x_0)=\max(\mu_{\underset{\sim}{A}1}(x_0),\mu_{\underset{\sim}{A}2}(x_0),\cdots,\mu_{\underset{\sim}{A}n}(x_0)) \qquad (12.1)$$

则认为 x_0 相对隶属于模糊集合 $\underset{\sim}{A}_i$。

择近原则也是用模糊集方法总结人们的经验而提出的一个数学规定，它的数学表述为：

设 $\underset{\sim}{A}_1,\underset{\sim}{A}_2,\cdots,\underset{\sim}{A}_n$ 是论域 V 上的 n 个模糊集合，$\underset{\sim}{B}$ 是 U 上的另一个模糊集合，若

$$(\underset{\sim}{B},\underset{\sim}{A}_j)=\max_{t\leqslant i\leqslant n}(\underset{\sim}{B},\underset{\sim}{A}_i) \qquad (12.2)$$

则认为 $\underset{\sim}{B}$ 相对地归属于 $\underset{\sim}{A}_j$。其中，$(\underset{\sim}{B},\underset{\sim}{A}_i)$ 是模糊集合 $\underset{\sim}{B}$ 和 $\underset{\sim}{A}_i$ 的贴近度。

当我们需要把对象 $\underset{\sim}{B}$ 归入已知的几个类 $\underset{\sim}{A}_1,\underset{\sim}{A}_2,\cdots,\underset{\sim}{A}_n$ 中的某一个时，即可按择近原则来解决。

模糊集方法也有其适用的范围。凡一切能够建立起有意义的隶属函数的模糊对象，都可以用模糊集方法进行定量的分析。反过来，对于那些无法建立有合理意义的隶属函数的模糊对象，运用模糊集方法难于见效。历史分期问题显然是一种模糊现象，例如我国历史上奴隶社会与封建社会的分期问题就很模糊，历史界长期争论不休。有的作者试图在一维时间论域上建立描述这一现象的隶属函数，为这一分期问题提供定量依据，目前看来是不成功的。

12.4 模糊化方法

模糊化方法也是模糊集方法的一种应用，但不是应用于总结提高经验方法，而是用于推广精确科学的现有成果。凡精确科学中一切能够用

经典集合论刻画的概念、原理和方法，如果用模糊集合代替经典集合，将原来的概念、原理和方法加以推广，形成相应的新概念、新原理和新方法，就是模糊化方法。目前，在数学、逻辑学、系统科学、形式语言学等方面，模糊化方法都有成功的应用。模糊化方法仍然是一种严格的数学方法。

12.5　语言方法

模糊学方法对传统精确方法的背离，最集中地体现在语言方法上。语言方法包括正、逆两方面的问题。

语言方法的正问题——由词到数。包括确定描述模糊性问题的语言变量及其语言值，把各个语言值表述为一定的模糊集合，计算语言值的语义等。也就是把关于问题的自然语言描述（语言模型）变为数学描述（数学模型）。

语言方法的逆问题——由数到词。将上述演算结果所得到的数学描述还原为适当的语言描述，最基本的就是将运算所得模糊集合再表示成语言变量的某个语言值。通常情况下，语言值集合中没有与运算所得模糊集合严格对应的语言值，需要从中选择比较接近的语言值来近似表示。因此，语言方法的逆问题又叫作语言近似。

语言方法不是严格的定量方法，也不是完全的定性方法，而是一种半定性、半定量的方法。对于第一类语言变量，由于存在精确定义的基本变量，运用扩张原理，可以将精确方法中许多有价值的东西加以推广，用之于分析语言变量，建立一套近似的演算方法。对于第二类语言变量，由于没有精确定义的基本变量，隶属函数更多地要由主观指定，因而带有明显的定性描述的特点。但是，对于过分复杂、无法精确定义的对象来说，语言方法仍然可以提供一定的定量信息。这些方法都有待进一步发展和完善。

语言方法表明,定性方法和定量方法的差别也不是绝对的。从纯数学的严格精确方法,经过误差理论描述的近似方法、模糊集合论方法、语言方法等等中介,一直到最典型的定性描述,形成了一个过渡系列。

12.6 关于模糊学方法的评价

模糊学问世以来,关于如何评价它在科学发展中的地位问题,存在尖锐的分歧。模糊学最激烈的反对者之一是美国控制论专家卡尔曼。扎德早先与卡尔曼是在同一方向上行进的,都相信精确方法的普遍有效性。在如何使科学方法进入过分复杂或无适当定义的对象领域的问题上,他们分道扬镳了。扎德转向模糊学方法,卡尔曼则继续沿着原来的方向行进,昔日同伴之间发生了激烈的争论。卡尔曼认为,扎德的建议对于解决他所提出的基本问题没有做出贡献,只不过沉迷于主观愿望之中。他率直地宣布:“我不能把模糊化作为科学方法的一种可行方案。”[50]面对卡尔曼的反对意见,扎德期待科学发展的实践来作出公正的判决,他坚信,模糊学终将在现代科学方法中占有一席之地。

模糊学作为一门年轻的学科,要对它的科学地位作出完全准确的评价,现在还是困难的。但是,目前至少可以说,在理论和实践方面,模糊学都已获得一批可喜的成果,初步表明了它确实是科学方法的一种可行方案。模糊学得到越来越多的理论工作者和实际工作者的重视。从理论上看,只要现实世界大量存在模糊事物,处理模糊性问题的理论和方法就有其客观必要性,一种系统而完善的模糊性理论终究要建立起来。模糊学方法尚不成熟,但也不能说它是“形而上学的小玩艺”[39]而一笔抹煞。众所周知,19 世纪以来人们不顾决定论者的反对而把随机性引入科学中,带来了科学方法上的重大革新。今天,人们不顾精确方法的盲目崇拜者们的反对而把模糊性引入科学中,很有可能再次带来科学方法上的重大革新,特别是在所谓软科学方面。

目前,模糊学方法主要应用于一些实际问题。在以下几种情况下,人们采用模糊方法:

(1)对于典型的模糊性问题,只有用模糊学方法能够进行适当的定量分析处理;

(2)有些复杂问题尚未找到精确方法时,模糊方法作为一种权宜方法而被使用;

(3)有些复杂问题虽有精确的处理方法,但代价过高,用模糊方法虽然效果差些,但代价低,总地看更适宜;

(4)某些紧急情况下,如医生处理急性病号,必须先用模糊方法作出大略分析处理,待条件许可后再进一步作精确的测量、分析和处理。

需要指出,对于模糊学方法的评价,也不能言过其实。我们从现代科学发展的总体上论述模糊学产生的必要性,绝不意味着认为精确方法已经发展到头了,只有模糊学方法才是适用于现代科学的方法。精确方法还在不断发展,更加伟大的成就还在未来。肯定模糊学方法,要否定的不是精确方法本身,而是那种“罢黜模糊,独尊精确”的片面性。精确方法和模糊方法都有自己适用的范围,二者应当并行不悖地发展。

在理论上看,模糊学方法比较适用于人文科学和社会科学,但目前还没有很多成功的应用。如何把模糊学方法应用于人文社会领域,是一个有待认真探索的问题。我们认为,扎德为处理模糊性问题制定的这套概念体系和方法论框架,只是模糊学发展的一个阶段,未来一定能够创造出更为有效的模糊学概念体系和方法论框架。

第十三章　模糊学与哲学

13.1　模糊学的哲学基础

模糊学作为一门思想新颖、方法独特的新学科，它的出现需要冲破传统观点的种种偏见，实行科学思想和方法论上的变革。因此，模糊学在其产生和发展中不可避免地遇到许多理论上的困难，需要有战胜这些困难的哲学武器。恩格斯早已指出："只有辩证法能够帮助自然科学战胜理论困难。"①早在扎德创立模糊学之前80年，马克思主义经典作家，特别是恩格斯，已经广泛注意到科学领域中的模糊性问题，并从哲学上作了透彻的分析，锻造了这种理论武器。读读恩格斯的名著《反杜林论》和《自然辩证法》，关于这一点就会有清晰的印象。

受形而上学观点的影响，传统科学把区分事物类别的标志绝对化，把不同类别之间的分界线看作是固定的、不可逾越的。这种观点渗透在近代自然科学的各个领域。19世纪的科学发展在实践上有力地冲击着这种自然观。恩格斯根据这些科学的新成就深刻地批判了上述形而上学观

① 恩格斯斯：《自然辩证法》，《马克思恩格斯选集》第3卷，第467页。

点。他强调指出,不同类属的区别标志都是相对的、不确定的(这包含了我们所说的用来作为分类标准的事物性态的不确定性),明确讨论了类与类之间界限的不分明性(即我们所说的模糊性)和可变性。他广泛考察了物理学、生物学、生理学、法医学、语言学等领域中的类属不分明性,尤其是在生物学领域,"自从按进化论的观点来从事生物学的研究以来,有机界领域内固定的分类界线一一消失了;几乎无法分类的中间环节日益增多,更精确的研究把有机体从这一类归到另一类,过去几乎成为信条的那些区别标志,丧失了它们的绝对效力"①。马克思也注意到自己的研究领域的模糊性。例如,他指出:"社会史上的各个时代,正如地球史上的各个时代一样,是不能划出抽象的严格的界限的。"②经典作家除了没有使用模糊性这一术语之外,对模糊性的特征和实质的分析与现代学者的分析相比毫不逊色。恩格斯还把类别标志的不确定性和界限的不分明性作为自然过程的辩证性质的重要体现来考察,从哲学上断言"辩证法不知道什么绝对分明的和固定不变的界限"③。这些论述揭示了模糊性的客观性、普遍性,论证了对模糊性进行独立研究的必要性,预示了模糊学产生的必然性。

恩格斯揭露说,形而上学者坚持在绝对不相容的对立中思维,把"是就是,不是就不是,除此之外,都是鬼话"奉为信条。这种观点在逻辑学、数学、理论自然科学中的影响是根深蒂固的。19 世纪 80 年代,正当二值的数理逻辑和康托集合论接近完成,"非此即彼"模式的影响达到顶点的时候,恩格斯却看出"'非此即彼'是愈来愈不够了",宣布辩证法"不知道什么无条件的普遍有效的'非此即彼!'",明确指出"除了'非此即彼!',又在适当的地方承认'亦此亦彼!'"④这一辩证法原则,确定了未来科学

---

① 恩格斯:《反杜林论》,《马克思恩格斯选集》第 3 卷,第 54 页。
② 马克思:《资本论》第 1 卷,第 408 页。
③ 恩格斯:《自然辩证法》,《马克思恩格斯选集》第 3 卷,第 535 页。
④ 恩格斯:《自然辩证法》,《马克思恩格斯选集》第 3 卷,第 535 页。

发展的指导思想。19世纪末以来科学思想的一系列重大进展,包括从二值逻辑到多值逻辑、模糊逻辑,从经典集合论到模糊集合论的发展,证明了恩格斯的科学预见。

对于上述科学思想的变革,恩格斯是从理论思维的革命性转变、即从形而上学的思维复归到辩证的思维这一伟大历史转变的高度来考察的。他指出,把两极对立和自身同一绝对化,把类的区别标志和分界线固定化,构成了形而上学自然观的核心;而承认两极对立的不充分性和自身同一的相对性,承认类的区别标志和分界线的不确定性、不分明性,构成了辩证自然观的核心。19世纪自然科学的重大进步,迫使人们不得不承认自然过程的辩证性质。20世纪科学技术的一切重大变革,一系列新学科(包括模糊学)的出现,都要在理论思维从形而上学思维向辩证思维复归这一历史潮流中探寻其思想根源和重大意义。

恩格斯还提出并分析了精确性和不精确性的辩证关系,指出精确是有条件的,精确和不精确可以相互转化。他看出精密科学和非精密科学中的数量关系在复杂程度上有显著差异,精密科学中的量可以精确测量和计算,但生命科学和社会历史领域的情形异常错综复杂,往往不能够进行量的测定。恩格斯关于一切差别和对立都是相对的、有条件的、可以相互转化的观点,当然也适用于精确性与模糊性的关系。我们今天关于精确性与模糊性辩证关系的全部观点,本质上都已包含在恩格斯的思想中。

我们曾指出,扎德不是辩证法的自觉运用者。为什么由他开创的模糊学却是以辩证唯物论为哲学基础呢?恩格斯早就指出,从形而上学的思维向辩证的思维的复归"可以通过各种不同的道路达到。它可以仅仅由于自然科学的发现本身所具有的力量而自然地实现,这些发现是再也不会让自己束缚在形而上学的普罗克拉斯提斯的床上的"①。现代科学以大量的材料把类属的不分明性及精确与模糊的尖锐矛盾呈现在科学工

① 恩格斯:《自然辩证法》,《马克思恩格斯选集》第3卷,第468页。

作者的面前,迫使一切有求实精神的学者不能不按辩证的方式进行思考。这是一条曲折崎岖的、但能够达到目的地的道路。

模糊学的出现是理论思维从形而上学思维方式向辩证思维方式复归这一历史潮流的产物和表现。从辩证唯物论的观点看,模糊学的新颖思想和方法是完全合理的、容易接受的。

13.2　模糊学的哲学意义

扎德曾满怀信心地预言,在行将到来的年代里,近似推理和模糊逻辑将发展成为一个重要领域,它为解决哲学等领域的问题提供新的方法论基础。扎德不谈世界观,单纯从逻辑学和方法论的角度谈论模糊学的哲学意义,反映出西方现代哲学流派对他的影响。但也表明,模糊学的哲学意义受到不同哲学流派的重视。

从辩证唯物论的立场看,模糊学的哲学意义在世界观和方法论方面都是明显的、重要的。

第一,模糊学为辩证唯物论的基本原理提供了新的科学论据。在前面几章中,我们从不同侧面谈论过模糊学的基本概念、原理和方法都体现了辩证法的普遍联系观点和发展观点,体现了质量互变规律和对立统一规律。在一门具体科学中如此多方面地体现了辩证法,这在现代科学的众多分支中是比较突出的。

第二,模糊性是以往的科学理论未曾系统地描述和处理过的一类普遍而重要的研究对象。模糊学把这类对象明确揭示出来,从逻辑学、数学、语言学等方面进行系统的考察,提出了与哲学有关的新问题、新材料,涉及哲学的基本规律、基本范畴、认识论、辩证逻辑、方法论等方面。我们已经对其中的一些问题作了初步的哲学分析,但有些问题尚未涉及,更深入的研究有待日后进行。这里再简略地讨论几点。

首先,中介是辩证哲学的重要范畴。在过去一个相当长的时期中,我们对中介范畴缺少研究。这种局面与具体科学的发展本身的状况有关。受形而上学的影响,近代科学习惯于在不相容的对立中思考,各门具体科学、尤其是自然科学缺乏对中介过渡性的系统研究,没有为从哲学上研究中介范畴提供必要的材料。模糊学是第一个以事物的中介过渡性为基本对象的学科,必将为从哲学上研究中介积累丰富的素材,为进一步的哲学概括提供实证科学的依据。

再看因果性问题。传统观点只考察决定论的因果关系,但事物之间的因果关系多半是一种模糊关系。医生分析患者的致病原因,工程师分析工程事故的起因,一般地都是先列出一系列待考查的因素,再逐个分析比较,区分哪些因素基本没有关系,哪些因素有一定关系,哪些因素关系较大,哪些因素关系极大,等等。实际上,他们都把具体的因果关系当作模糊关系对待,不是简单地断定 A 与 B 有无因果关系,而是考查 A 与 B 具有因果关系的程度如何。这同因果范畴的传统观点是不符合的。模糊学主张在因果范畴中引入模糊性,承认因果关系是一种模糊关系,将会引起因果观念的新变化。这就要求哲学家根据科学的最新发展重新研究因果范畴,并用准确的哲学语言表述出来。

确定性与不确定性无疑具有哲学范畴的意义,应当引入哲学理论体系中来。清晰性与模糊性是否也具有哲学范畴的意义?有的学者认为,这对概念可以作为自然辩证法的范畴。这个问题值得深入探讨。

第三,模糊学为哲学研究提供了某些新观点和新方法。模糊性是一个对哲学工作者颇为有用的概念。在哲学研究和宣传工作中,应当引入这个概念,注意从模糊性方面提出问题和分析问题。要承认哲学概念都是模糊概念,各对哲学范畴之间的界限都是模糊的。感性认识和理性认识,主要矛盾和次要矛盾,根本质变和部分质变,性质判断和关系判断,其间都不存在绝对分明的界限。一些宣传马克思主义哲学的著作在讲解这些概念时,强调它们之间的差别和对立,而不重视考察其间界限的模糊性,总想在这些概念之间划出截然分明的界限来。哲学上的某些争论,如关于感性认识和理性认识的区别的争论,之所以纠缠不清,与争论者看不到这些概念的模糊性、试图按清晰概念来下定义不无关系。承认哲学概念的模糊性,有利于哲学工作者坚持辩证法,正确宣传马克思主义哲学的基本概念。

模糊逻辑将许多传统逻辑概念模糊化,削弱了这些概念的固定性,显示了逻辑概念应有的流动性,具有明显的辩证性质。模糊逻辑有可能为辩证逻辑在某种程度上的形式化提供可能。西方的分析哲学家注重用模糊学发展有关语言逻辑分析的理论和技术,批判地利用他们的成果,对于马克思主义哲学的现代化和辩证逻辑的形式化研究是有益的。

13.3　模糊学的认识论意义

客观对象本身程度不同地具有模糊性,主观认识能力有这或那样的模糊性,致使人的认识活动是一个具有大量模糊性的运动过程。我们的感觉器官从外界获得大量模糊信息,经过人脑模糊思维的加工改造,形成模糊概念和判断,进行模糊推理,对环境作出模糊的识别和决策,去指导实践活动。这是人的认识活动的基本情形。对于了解人的认识活动的特点来说,模糊性是一个有价值的概念。把模糊学运用于认识论,能够获得关于认识活动的本质、主观认识与客观外界的相互关系的新知识。

辩证唯物论的认识论是能动的反映论。反映论把认识看成是主观与客观的一种反映关系,这是正确的。但旧唯物论把主观对客观的反映看作被动的、照镜子式的,是一种完全确定的、一一对应的关系。按照这种理解,主观对客观的反映是一种清晰关系,可以用经典集合论来描述。这是一种机械论观点,不能表现主观反映客观的种种差异性、多样性、不确定性,不能说明人的认识是一个能动的过程。实际上,认识作为一种反映过程,是主客观之间的一种模糊关系,不是要么主观完全反映了客观、要么主观完全不反映客观的二值关系,而是从反映到不反映逐步过渡的。反映是一个第二类语言变量,它的语言值是完全反映、基本反映、相当程度上反映、部分反映、不完全反映、很少反映、几乎不反映、完全不反映等等。承认反映关系的模糊性,能够说明人的认识的差异性、多样性、不确定性和灵活性,表现认识的能动性,避免认识问题上的机械论。当然,认识的能动性不能简单地归结为模糊性,但认识的模糊性表现着认识的能动性,模糊学有助于了解这种能动性,这是肯定的。

模糊学支持辩证的真理观。传统逻辑只承认真、假两个真值。一个观点,一种理论,非假即真,非真即假。这同辩证的真理观是相违背的。模糊逻辑否定了传统意义上的排中律和矛盾律,承认矛盾命题的合理性,承认真值的多样性、渐变性。在某一论域上的全部命题中,全真命题和全假命题一般地只占一小部分,并且只在相对的意义上才成立,大量的情形是亦真亦假的命题。一个观点,一种理论,要具体地分析它在多大程度上符合客观实际,哪些方面是正确的,哪些方面是不正确的,或不完全正确的。辩证的真理观认为,真理和谬误的对立也是不充分的。模糊学体现了这一点。

实践是检验真理的标准。检验或证明是实践和认识之间的一种关系。传统数学和逻辑学把证明看作是一种完全确定的、清晰的关系,一个命题要么被证实,要么被证伪,不能有第三种情形。这种观点运用到实践标准问题上,就是只看到实践标准的确定性、清晰性一面,看不到实践标准的不确定性、模糊性的一面。但社会实践是一个复杂的大系统,不确定性、模糊性是其重要特征。一切认识都通过实践检验而确定其真伪,这是实践标准的确定性和清晰性。但实践对理论的检验并非要么证实、要么证伪的二值关系,而是一种模糊关系。认识论讲的“经验证明”“事实证明”“实践证明”,都是模糊概念。就人类认识的总体来说,实践对认识的检验是从证实到证伪逐步过渡的,用完全证实、基本证实、大半证实、部分

证实、部分证伪、大半证伪、基本证伪、完全证伪等模糊语言值来刻画。这是实践标准的不确定性、模糊性。模糊逻辑将“定理”“证明”这类概念模糊化，放弃了关于数学定理在逻辑证明上绝对严格正确的要求，把定理看成是一些具有高度真理性、但不一定具有普遍真理性的论断，这就更加接近认识论关于真理问题的辩证观点。

理论和经验相比较，一般地说，理论总是较为清晰的，经验总是较为模糊的。理论是一种简化形态的东西，为现实对象提供某种模型；经验则更多地反映现实原型。理论具有简单性、单一性、确定性的特点，经验具有复杂性、多样性、不确定性的特点。一种理论要运用于千差万别的实际问题，需要加以模糊化，与实际经验相结合。一项政策在理论形态上往往显得明确肯定，而当运用于实践时，政策界限的模糊性就明显地显现出来了。一个干部政策水平的高低，要看他能否恰当处理政策界线的模糊性。单有书本理论知识的人是做不到这一点的。必须有丰富的实际经验，必须把理论与经验结合起来。

13.4　模糊数学与辩证数学观

所谓数学观，我们指的是关于数学的一些根本问题的看法，包括数学概念和理论的起源，数学与现实世界的关系，数学的本质，数学发展的规律，等等。数学发展的历史是唯物数学观战胜唯心数学观、辩证数学观战胜形而上学数学观的历史。模糊数学的产生和发展在这一历史上增添了新的一章。

是否承认数学的对象来自现实世界，数学概念有无现实的原型，是唯物数学观和唯心数学观斗争的焦点。数学发展不断创造出虚数、非欧几何这类概念，它们不是通过对实际材料的直接概括而产生的，而是起源于数学内部的需要。由此形成了关系到数学起源和性质的两种错误观点。

一种观点认为,数学、特别是现代数学的概念不是人的认识对现实数量关系的摹写,而是人脑的自由创造。他们称数学概念为人造概念。恩格斯早已对这种观点作出原则性的批判。数学直接处理的是“思想事物”,它们以极度抽象的形式出现,但反映的却是非常现实的材料。虚数之类的概念是对数学已有知识再加工的产物,由于这些已有知识来自现实的数量关系,对它们再加工产生的新概念归根结底还是来自现实世界,是对实际数关系的摹写。另一种意见认为,数学发展到现代,现实的数量关系和空间形式已经基本上考察完毕,往后的数学要研究的不再是(至少主要不再是)对新的现实材料进行概括而产生的概念和原理,而是根据数学发展的内部需要、对已有数学知识再加工而形成的概念和原理。这种观点仍然有可能成为唯心数学观的隐蔽所。诚然,认为一切数学概念都是直接概括现实材料的产物,不符合现代数学的实际。承认现代数学越来越多的内容直接来自数学本身的发展,是对已有知识的再加工,这有利于在数学起源问题上坚持辩证法、反对形而上学。但我们更强调,数学在任何时候都不能局限于这一个方面。在确定性的和随机性的数量关系之外,发现了完全不同的模糊性数量关系,再一次表明现实世界蕴藏着无穷无尽的数学原料,永远不可能穷尽。数学永远不可能只研究由数学本身的需要而产生的概念。“为了继续前进,我们必须汲取真实的关系,来自现实物体的关系和空间形式。”①而且,直接来自实际材料的数学概念越多,通过再加工而发展新概念的可能性就越大。

从数学观来看模糊数学,重要的还在于它提供了数学表现辩证法的新方式,展现出数学发展固有的辩证规律。模糊数学是数学从形而上学向辩证法复归的产物和表现。

数学是从否定模糊性而开始的。在精确方法的框架内经过长期发展之后,现代数学又突破这个框架的限制,回过头来重新承认模糊性,描述

---

① 恩格斯:《反杜林论》,《马克思恩格斯选集》第3卷,第79页。

模糊性,显示了数学发展遵循否定之否定的辩证法规律。数学和模糊性不再是绝对不相容的了,数学定理不一定是普遍有效的真理了,定理的证明被模糊化了,这是模糊数学在数学观上带来的惊人变化。它有力地证明了恩格斯早就揭示的真理:“数学上的一切东西的绝对适用性、不可争辩的确实性的童贞状态一去不复返了。”①

确定性和不确定性是数学中的一对矛盾。数学既要描述数学关系的确定性方面,又要描述它的不确定性方面,并把二者辩证地统一起来。初等数学主要描述确定性数量关系,但也不能不以这样或那样的形式表现数量关系的不确定性。高等数学,特别是现代数学越来越注重研究事物的不确定性,提供处理确定性和不确定性的辩证关系的数学方法。事物的不确定性有不同层次的表现,不同层次的不确定性要求有不同的数学概念和方法。数学力求在不确定性中寻找确定的规律,用确定的概念和方法描述不确定性。变量数学在量的变动不居这一不确定性层次中寻找确定的数值变化规律,用函数、极限等概念描述常量数学无法把握的不确定性。统计数学在随机因素这一不确定性层次中寻找确定的概率规律,用概率、随机过程等概念描述非统计数学无法把握的不确定性。模糊数学在事物类属不清晰这一不确定性层次中寻找相对确定的隶属规律,用模糊集合、可能性分布等概念描述传统数学无法把握的不确定性,提供了数学描述和处理不确定性的新方法,标志着数学的又一重要进展。

形而上学把两极对立和自身同一绝对化的观点,在以思想事物为对象的数学学科中表现得尤其明显。现代数学向辩证思维方式复归的一个重要表现,就是从把两极对立绝对化转变为承认两极对立的不充分性,从承认抽象的(没有差别和变异的)同一性转变为承认具体的(包含差别和变异的)同一性。经典集合论赋予属于和不属于之间的对立以绝对的意义,赋予每个集合自身同一以绝对的意义。模糊集合否定了这种绝对化

---

①　恩格斯:《反杜林论》,《马克思恩格斯选集》第3卷,第127页。

的要求,用隶属度连续渐变的观点,给属于和不属于之间对立的不充分性和集合自身同一的相对性以统一的数学刻画,表现了深刻的辩证性质。模糊数学提供了描述亦此亦彼性的系统方法,它的产生是辩证数学观的重大胜利。

但是,我们不能由此得出结论说,以往的数学只描述非此即彼性,只有模糊数学才描述亦此亦彼性。非此即彼和亦此亦彼也是一对矛盾,彼此相互联系、相互依存。传统数学也能表现某些亦此亦彼性。初等数学认为减法可以用加法表示,方幂可以用方根表示,这里已经包含有对亦此亦彼性的承认。微积分的重要基础之一,是承认在一定条件下曲线和直线应当是一回事(直接同一)这样一个矛盾。现代几何学通过互相矛盾的公理系统,承认我们周围的空间既是欧氏空间,又是非欧空间。非标准分析揭示了实数 r 与自身同一的相对性。从实数层次看,只能是 $r=r$,不能有 $r\neq r$。但从无限小层次看,r 代表一个复杂的结构,其中包含有无数个不同的、彼此无限接近的超实数,因而又有 $r\neq r$。现代数学从不同侧面、用不同方式反映出客观世界固有的亦此亦彼性。模糊数学不过是这一发展趋势中的一个新的步骤。

与其他数学分支相比,模糊数学在数学史上第一次宣布以事物的亦此亦彼性作为数学的对象,提出了对亦此亦彼性进行度量的新概念和新方法。模糊数学的问世,毕竟是数学表现亦此亦彼性这一发展潮流中的一次意义重大的新进展。

参考文献

[1] Von Bertalanffy, L.. General System Theory: Foundations, Development, Applications. Revised Edition, New York, 1973.

[2] Black, M.. Vagueness, Phil. Sci. 4(1937).

[3]陈汉清、朱建颂:《Fuzzy 集合在方言研究中的应用》,《模糊数学》1982 年第 4 期。

[4] Dubois, D. and Prade, H.. Outline of Fuzzy Set Theory, an Introduction, in Advances in Fuzzy Set Theory and Applications (M. M. Gupta, R. K. Ragade, and R. R. Yager, Eds). Horth - Holland, Amsterdam, 1979.

[5] Dubois, D., and Prade, H.. Fuzzy Sets and Systems: Theory and Applications. Academic Press, New York, 1980.

[6] Gains, B. R.. Foundations of Fuzzy Reasoning, in Fuzzy Automata and Decision Processes. (M. M. Gupta, G. N. Saridis, and B. R. Gains, Eds.) North-Holland, Amsterdam, 1977.

[7] Goguen, J. A.. The Logic of Inexact Concepts. Synthese, 19(1969).

[8] Goguen, J. A.. Concept Representation in Natural and Artificial Languages-Axioms Extensions and Applications for Fuzzy Sets, int. J. Man-Mach. Stud., 6(1974).

[9] Goguen, J. A.. On Fuzzy Robot Planning, in Fuzzy Sets and Their

Applications to Congnitive and Deci sion Processes,(L. A. Zadeh,K. S. Fu, K. Tanaka,and M. Shimura,Eds.),Academic Press,New York,1975.

[10] Goguen,J. A. Fuzzy Sets and the Social Nature of Truth,in Advances in Fuzzy Set Theory and Applications,(m. m. Gupta,R. K. Ragade,and R. R. Yager,Eds),North-Holland,Amsterdam,1979.

[11] Gupta,M. M. "Fuzzy-ism",The First Decade,in Fuzzy Automata and Decision Processes,(M. M. Gupta,G. N. Saridis,and B. R. Gains,Eds),North-Holland,Amsterdam,1977.

[12] 贺仲雄:《模糊数学及其应用》,天津科学技术出版社,1983年版。

[13] 蒋卡林、廖群记述,《菅野道夫博士谈模糊集理论》,《信息与控制》1981 年第 5 期。

[14] Jons,D. The History and Meaning of the Term"Phoneme",London,1957.

[15] Kaufmann,A. Progress in Modeling of Human Reasoning of Fuzzyr Logic, in Fuzzy Automata and Decision Processes, (M. M. Gupta, G. N. Saridis,and B. R. Gains,Eds),Horth-Holland,Amsterdam,1977.

[16] G. 拉科夫:《模糊限制词和语义标准》,廖东平译,《外国语言学》1982 年第 2 期。

[17] Lee,E. T. and Zadeh,L. A. Nots on Fuzzy Ianguages,Inf. Sci.,1 (1969).

[18] 楼世博、孙章、陈化成:《模糊数学》,科学出版社 1983 年版。

[19] 卢嘉锡:《精确与毛估》,《中国自然辩证法研究会通信》1981 年第 20 期。

[20] Mamdani,E. H. Applications of Fuzzy Set Theory to Control Systems:A Survey,in Fuzzy Automata and Decision Procasses,(M. M. Gupta, G. N. Saridis,and B. R. Gains,Eds.),North-Holland,Amsterdam,1977.

[21]Marinos,P. N. Fuzzy Logic,Tech. Memo. 66-3344-1,Bell Telephone Labs. ,Holmedl,NJ,Aug.(1966).

[22]Menger,K. Ensembles flous et fonctions aleatoiles,C. R. Acad. Sci.(Paris),232(22),May 18(1951).

[23]C. V. 尼古塔·D. A. 拉莱斯库:《模糊集在系统分析中的应用》,汪浩、沙钰译,湖南科学技术出版社1980年版。

[24]Negoita,C. V. ,Fuzzy Systems,Abacus Press,1981.

[25]冯·诺伊曼:《计算机和人脑》,甘子玉译,商务印书馆1965年版。

[26]潘雪海、张锦文:《弗齐(Fuzzy)集合论》,《计算机应用与应用数学》,1976年第9期。

[27]Popper,K. Unened Quest. Fontana/collins,London,1976.

[28]钱学森:《自然辩证法、思维科学和人的潜力》,《哲学研究》1980年第4期。

[29]钱学森:《系统科学、思维科学与人体科学》,《自然杂志》1981年第1期。

[30]浅居喜代治等:《模糊系统理论入门》,赵汝怀译,北京师范大学出版社1982年版。

[31]Russell,B. Vagueness,Australian J. Philos. 1(1923).

[32]任平:《优化理论中的令人满意准则》,《模糊数学》,1983年第4期。

[33]水本、雅晴:《最新模糊集理论》,欧阳绵译,《应用数学与计算数学》1983年第4期。

[34]沈小峰、汪培庄:《模糊数学中的哲学问题初探》,《哲学研究》1981年第5期。

[35]Тьюринг,А. Может ли машина мыслимъ? Москва,1960.

[36]汪培庄:《模糊数学简介》,《数学的实践与认识》1980年第2—

3 期。

[37]汪培庄:《模糊数学及其意义》,《河南师范大学学报》1983 年第 2 期。

[38]汪培庄:《模糊集合论及其应用》,上海科学技术出版社 1983 年版。

[39]S. 瓦塔纳贝:《广义模糊集论》,任平译,《自然科学哲学问题丛刊》1981 年第 5 期。

[40]诺伯特・维纳:《维纳著作选读》,钟韧译,上海译文出版社 1978 年版。

[41]武铁平:《模糊语言再探》,《外国语》1980 年第 5 期。

[42]王雨田:《弗晰(模糊)逻辑及其若干理论问题》,《全国逻辑讨论会论文选集》,1979 年。

[43]许国志:《论事理》,北京系统工程学术讨论会论文,1979 年。

[44]Zadeh,L. A. Fuzzy Sets,Inf. Control,8(1965).

[45]Zadeh,L. A. Fuzzy Algorithms,Inf. Control,12(1968).

[46]Zadeh,L. A. Quantitative Fuzzy Semantics,Inf. Sci. ,3(1971).

[47]Zadeh,L. A. Similarity Relations and Fuzzy Orderings,Inf. Sci. ,3(1971).

[48] Zadeh, L. A. A Fuzzy-set-theoretic Interpretation of Linguistic Hedge,J. Cybern. ,2(1972).

[49]Zadeh,L. A. Qutline of a new Approach to the Analysis of Comples Systems and Decision Processes,IEEE Trans. Syst. ,Man,Cybern. 2(1973).

[50]Zadeh,L. A. A New Approach Tosystem Analysis,in Man awd Computer(M. Marois,Eds.),North-Holland,Amsterdam,1974.

[51]Zadeh,L. A. Fuzzy Logic and its Application to Approsimate Reasoning,in Lnf. Process. 74,Proc. IEIP Congr. 74,Vol. 3,North-Holland,Amsterdam,1974.

[52] Zadeh, L. A. The Concept of Linguistic Variable and its Applications to Approximate Reasoning, Inf. Sci. , Part Ⅰ, vol. 6; part Ⅱ, Vol. 8; Part Ⅲ, Vol. 9, 1976.

[53] Zadeh, L. A. A Fuzzy-algorithmic Approach to the Definition of Complex or Imprecise Concepts, Int. J. Man-Mach. Stud. ,8(1976).

[54] Zadeh, L. A. Fuzzy Set theory—a Perspective, in Fuzzy Automata and Decision Processes(M. M. Gupta, G. N. Saridis and B. R. Gains, Eds.), North-Holland, Amstedam, 1977.

[55] Zadeh, L. A. Fuzzy Sets as a Basis for a Theory of Possibility, Int. J. Fuzzy Sets Syst. ,1(1)(1978).

[56] L. A. 查德:《模糊集》,任平译,《自然科学哲学问题丛刊》1981年第5期。

[57] Zadeh, L. A.《Forward》,《模糊数学创刊号》1981年。

[58] 张锦文:《一种弗晰逻辑的形式系统》,《全国逻辑讨论会论文选集》,1979年。

[59] 张南伦:《随机现象的从属特性与概率特性》,《武汉建材学院学报》1981年第1期。

[60] 张志公主编:《现代汉语(上)》,人民教育出版社1981年版。

[61] Zimmermann, H. J. Description and Optimization of Fuzzy Systems, Int. J. Gen. Syst. ,2(1975).

[62] Zimmermann, H. J. Fuzzy Programming and LP With Several Objective Functions. Int. J, Fuzzy Sets Syst. 1, No. 1(1978).

[63] 塚本弥八郎:《模糊逻辑》,楼世博等节译,《世界科学》1982年第2期。